AF453393

NOTIONS PRATIQUES

SUR

L'ÉLEVAGE DES ANIMAUX DE BASSE-COUR

MONTDIDIER. — IMPRIMERIE A. RADENEZ.

NOTIONS PRATIQUES

SUR

L'ÉLEVAGE

DES

ANIMAUX DE BASSE-COUR

PAR LA MÉTHODE

NATURELLE & ARTIFICIELLE

PAR

Émile et Jules PHILIPPE,

MEMBRES DE PLUSIEURS SOCIÉTÉS SAVANTES

Prix: 1 fr.

SE VEND CHEZ LES AUTEURS

à HOUDAN (Seine-et-Oise).

AVANT-PROPOS

Nous n'avons eu, en écrivant ce petit livre qu'un seul but; répandre partout l'élevage des animaux de basse-cour, le faire accepter par tous les cultivateurs d'abord, comme une source certaine de profit, et par toutes les personnes qui disposent d'un peu de terrain et d'un peu de loisir, comme un amusement, une distraction des plus agréables en même temps que des plus productives.

Il est généralement admis que la basse-cour ne rend pas ce qu'elle coûte, que c'est perdre son argent de gaieté de cœur que de vouloir entretenir des animaux voraces avec la presque certitude de ne rentrer que dans une minime partie de ses débours. On cite des expériences tentées de côté ou d'autre, qui ont abouti à de véritables désastres.

Eh bien, nous le disons hautement, il y a des bénéfices à faire et d'importants bénéfices, si l'on veut se livrer à l'élevage d'une façon rationnelle, scientique presque, si l'on veut renoncer à la routine qui là, plus que partout ailleurs, fait sentir ses néfastes effets.

Nous subissons une crise agricole intense, le grain est à vil prix, la viande au contraire est chère; pour le consommateur du moins; aux agriculteurs donc, nous dirons: faites des œufs et des volailles grasses dont vous trouverez le débit à un taux rémunérateur; aux autres nous dirons de même, produisez pour votre consommation personnelle, si ce n'est pour la vente, les œufs et les animaux dont vous avez besoin.

Pour réussir, pour que votre élevage à tous soit réellement profitable, que faut-il? Des connaissances pratiques qui font défaut à la plupart d'entre vous.

Aux poules, que vous laissez en des coins humides et sombres nettoyés de temps en temps et quand les excréments fermentent, vous jetez une poignée de mauvais grains, et vous en attendez des œufs et de la viande?

Aux lapins que vous laissez pourrir dans

une caisse ou dans un tonneau, sur une litière à peine renouvelée à chaque portée, que vous nourrissez d'herbe parfois humide, de feuilles de choux, de débris, vous demandez une chair abondante et délicate? Mais c'est folie! La terre ne rend que d'après ce qu'on lui donne, les animaux de même. On s'est trop habitué à les regarder comme des machines productives, utiles seulement quand elles ne coûtent rien.

Consentez à leur faire une légère avance et vous verrez ce que vous en retirerez.

Mais, dira-t-on, si tout le monde suit vos conseils, il y aura surproduction et par conséquent avilissement des prix. De ce côté-là, ne craignez rien; les débouchés sont nombreux, la consommation ne vous laissera pour compte aucune de vos bêtes, aucun de vos œufs, puissamment aidée qu'elle est, par notre exportation en Angleterre. Du reste ne sommes-nous pas encore forcés d'importer des pays voisins des volailles et des œufs; si vous les produisez vous-mêmes, il y aura double bénéfice, celui que vous retirerez personnellement et celui dont vous ferez profiter le pays.

En résumé, l'élevage des animaux de basse-cour doit occuper à la ferme, à la campagne, non pas la place accessoire qu'on lui laisse à présent, mais une place en rapport avec son importance réelle qu'il n'est pas permis de contester.

Il ne s'agit plus que de bien connaître la marche à suivre pour arriver *sûrement* aux résultats que nous annonçons, c'est ce qui fait l'objet des chapitres qui vont suivre.

NOTIONS PRATIQUES

SUR

L'ÉLEVAGE DES ANIMAUX DE BASSE-COUR

L'Élevage naturel et artificiel.

Avant d'entrer en matière, il est bon de vous présenter les deux sortes d'élevage auxquelles vous devrez avoir recours dans l'exploitation de votre basse-cour.

D'abord l'élevage naturel, qui est universellement connu, combien d'inconvénients ne présente-t-il pas? Ce sont pendant l'incubation, les œufs cassés par le poids ou la maladresse de la mère, la vermine qui envahit les nids, la mauvaise odeur produite par les déjections et qui peut asphyxier les poussins dans leur coquille. Ce sont les fantaisies de ces mêmes mères dont il faut d'abord attendre l'envie de couver, puis qui quittent leurs œufs pour un rien avant le terme ou bien après l'éclosion de quelques poussins seulement.

Ce sont, pendant l'élevage proprement dit, les poussins écrasés, piétinés, lancés deci delà par les coups de patte de la mère qui gratte sans se soucier de leur voisinage pour leur trouver une nourriture dont ils n'ont le plus souvent que faire ; c'est cette même nourriture qu'elle dévore à leur grand détriment ; ce sont les imprudences qu'elle commet en entraînant ses petits au loin, exposés à la pluie, au trop grand soleil, à des fatigues qui ne sont pas encore compatibles avec leurs forces.

Ce sont les mois perdus par la poule pour la ponte, perte qui se chiffre d'une façon très sérieuse au bout de l'année.

Ce sont... nous n'en finirions pas.

L'élevage artificiel, au contraire, a juste les qualités opposées à ces défauts.

D'abord, la couveuse est toujours prête pour l'incubation, hiver comme été elle peut fonctionner sans demander plus de surveillance qu'une poule, avec elle, pas de vermine, pas d'œufs cassés, pas d'accidents imprévus. Avec l'éleveuse artificielle, pas de poussins écrasés, estropiés, pas de crainte de les voir s'aventurer au loin, toujours une chaleur douce, égale, qui ne demande pour être entretenue que quelques minutes de soins par jour.

Enfin un avantage inappréciable de l'élevage

artificiel , c'est que vous pouvez produire en même temps le nombre de poussins que vous voulez et de la façon la plus économique. Sous une poule, vous ne pouvez mettre que 15 œufs au maximum, vous n'en pouvez confier à une dinde que 25, tandis qu'une couveuse artificielle vous en fera éclore à la fois 25, 50, 100, 200, 250 et plus selon la grandeur de l'appareil.

Nous arrêterons là cette comparaison toute à la gloire de l'élevage artificiel.

Nous ajouterons encore que ce n'est pas de nos jours seulement qu'on a songé à suppléer à la mère naturelle par des machines produisant comme elle la chaleur nécessaire à l'éclosion.

En Egypte, il y a quatre mille ans, il existait des couvoirs où l'on mettait en incubation de quarante à quarante-cinq mille œufs à la fois ! Cette industrie se perpétua longtemps au pays des Pharaons, puis elle passa en Grèce et à Rome. Au moyen-âge, on essaya d'introduire le procédé en Italie, avec un certain succès ; en France, au XVe et au XVIe siècles, on installa, Charles VII à Amboise et François Ier à Montrichard, des fours à poulets, mais on n'obtint pour ainsi dire que des résultats négatifs.

Réaumur, le grand physicien, s'occupa de la question d'une manière fort sérieuse. Aidé du thermomètre que ses devanciers ne connais-

. saient pas, il s'adressa au fumier en fermentation pour lui fournir la chaleur nécessaire à la transformation de l'œuf en poussin. Il construisit des chambres d'incubation et réussit à produire une grande quantité de poulets pour lesquels il créa des mères artificielles reposant sur le même système; mais ce système était trop difficile à faire passer dans la pratique courante de l'élevage, on l'abandonna et après bien des tâtonnements, ce n'est que de nos jours que l'on découvrit le principe si simple pourtant sur lequel sont établies les couveuses artificielles avec lesquelles non seulement on réussit, mais cela sans peine et sans grande surveillance.

Il s'en faut cependant que tous les systèmes offrent ces deux dernières qualités. Un très petit nombre au milieu de la quantité des modèles proposés au public, les réunissent sérieusement : au premier rang se trouve la *Houdanaise* de M. J. Philippe, de Houdan.

C'est la simplicité même. La grande question dans l'incubation artificielle, c'est la régularité dans la chaleur. Elle est obtenue dans les appareils Philippe de la façon la plus complète au moyen d'un ingénieux système de thermosiphon intérieur. Les appareils similaires réclament les uns le renouvellement de l'eau deux fois par jour, les autres un chauffage à la

briquette qui n'est pas des plus commodes.
D'autres ont un thermo-siphon extérieur soumis aux déperditions de chaleur les plus consi-
dérables.

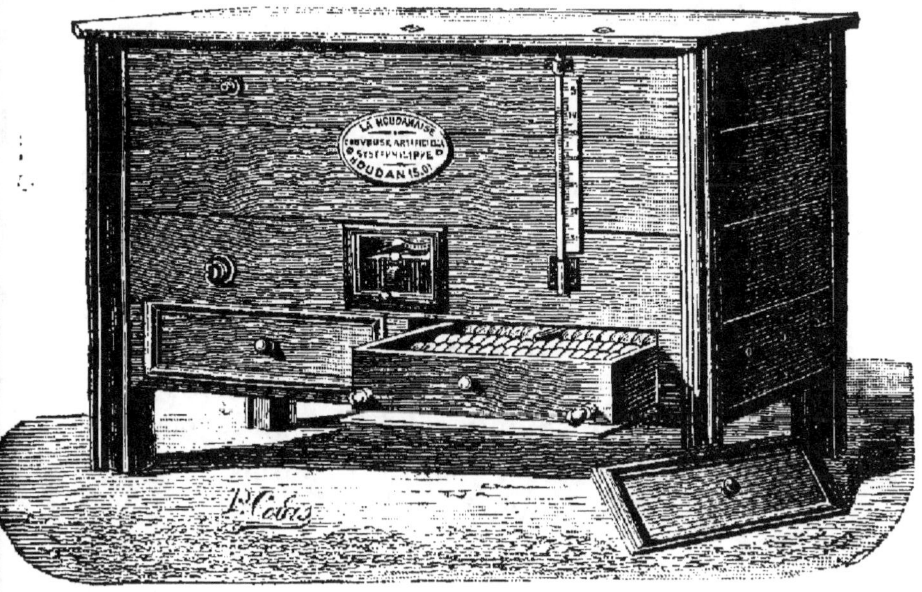

Fig. 1. — La Houdanaise.

Avec la *Houdanaise*, plus d'eau à réchauffer,
plus de briquettes dont on peut manquer, plus
de perte de calorique; une lampe à pétrole dans
la cheminée traverse le réservoir, voilà la source
de chaleur qui assure à l'eau une température
constante et qui, une fois réglée, ce qui est la
chose la plus facile du monde, maintiendra dans
la couveuse le degré voulu.

Le seul travail consiste à essuyer la mèche et à remplir la lampe matin et soir.

Or le pétrole, on le trouve partout, et la dépense ne s'élève qu'à deux centimes par œuf pour toute la durée de l'incubation.

Mais ce n'est pas seulement son système de chauffage qui donne à la *Houdanaise* sa supériorité incontestée, c'est aussi l'emploi de chaudières feutrées et à double fond qui prévient tout rayonnement.

L'éleveuse est établie sur le même principe.

Aux articles incubation ou élevage, nous donnerons le détail des appareils et la façon dont ils fonctionnent, nous voulions tout simplement dans ce chapitre signaler à nos lecteurs les qualités maîtresses de nos appareils, et nous espérons y avoir réussi.

Fig. 2. — Salle d'incubation.

Installation d'une basse-cour.

Il n'est pas de cultivateur qui n'ait à sa disposition le terrain nécessaire pour l'installation d'une basse-cour et, chose remarquable, ce sont justement les terrains les moins favorables à l'agriculture qui sont les plus propices à l'élevage de la volaille. Les sols de nature calcaire, voilà son séjour par excellence.

Mais il n'est pas absolument nécessaire que le sol soit calcaire, il suffit qu'il ne retienne pas l'eau et qu'il ne soit pas habituellement humide, autrement on n'aurait aucune chance de succès.

Il faut aussi que le terrain choisi ne soit pas dépourvu d'herbe, — l'herbe entre pour beaucoup, nous le verrons dans la nourriture de la volaille, — il doit de plus être planté d'arbres qui donneront aux animaux l'abri contre les pluies et contre le soleil: un verger par conséquent peut très bien faire l'affaire. On croit généralement que les poules détruisent le gazon sur lequel on les installe. Cela est vrai quand elles sont entassées dans un espace restreint; mais c'est précisément là ce qu'il faut éviter. On ne mettra pas plus de 25 têtes de volailles par are, si l'on veut obtenir des résultats.

D'un autre côté, il est utile de ne pas donner aux animaux une liberté illimitée; la poule est vagabonde, elle s'en va au loin; elle pondrait en des endroits écartés où ses œufs seraient perdus ce qui ne ferait pas le bénéfice de l'élevage.

La meilleure orientation pour la basse-cour est celle du midi ou de l'est: il est à propos qu'elle soit bien abritée des vents du nord.

Ce que nous venons de dire s'applique aussi bien aux petites basses-cours qu'aux grandes. Une chose essentielle, c'est que les poules aient une partie de leur parcours ensablée. Le sable leur est nécessaire; il leur sert de dents car c'est grâce à lui qu'elles peuvent triturer leurs aliments dans leur gésier. Ce parcours leur est très utile, aussi dans les temps pluvieux, elles s'y réfugient, y trouvant un endroit relativement sec alors que le gazon est rempli d'humidité.

Dans une partie de la basse-cour, il sera bon de déposer des plâtras, des coquilles d'huîtres cassées en fins morceaux, du vieux mortier, etc., etc., qui fourniront aux volailles la matière première de la coquille de leurs œufs.

Il est bien entendu qu'il faut autant de basses-cours que l'on veut élever de races, ou que l'on veut faire d'élevages, séparés seulement d'un intervalle de quelques mois.

La séparation et les clôtures se font le plus souvent en grillage en fil de fer galvanisé de deux mètres de hauteur; c'est le procédé le plus expéditif et le plus économique.

Si l'on ne peut disposer que d'une cour, on en enlèvera la terre que l'on remplacera par du gravier fin, nous disons du fin et non du gros qui entamerait les pattes de la volaille.

Il est inutile d'ajouter qu'avec une installation de ce dernier genre, la plus grande propreté est de rigueur; on raclera de temps en temps les déjections des poules, on en enlèvera tout ce que l'on pourra, et lorsque la couche de gravier en paraîtra comme imbibée tout entière, on le remplacera.

Le Poulailler.

C'est une grande erreur de croire que la première pièce venue, une fois qu'on y a mis un perchoir, peut servir de poulailler. Et pourtant c'est une opinion communément adoptée à la campagne. On s'imagine que pourvu que les poules ne couchent pas dehors, elles n'en demandent pas davantage. C'est là une des principales causes des insuccès en matière d'élevage.

Deux cas peuvent se présenter : ou bien vous disposez d'une pièce dont vous avez l'intention de faire un poulailler, ou bien vous êtes dans l'obligation d'en construire un.

Examinons le premier de ces cas. Autant que possible, la pièce sera située à l'est ou au sud-est ; elle sera bien aérée mais sans courant d'air, et bien couverte. Le sol autant que possible en terre battue plutôt qu'en planches et surtout en brique, sera recouvert d'une couche de cendres ou à défaut de cendres, de plâtre, de sciure de bois et même de terre. Le poulailler sera nettoyé très régulièrement pour éviter les émanations des excréments.

Mais il arrive trop souvent que l'on ne peut utiliser les locaux qu'on a sous la main, soit parce qu'il est impossible d'y établir la ventilation nécessaire, soit parceque l'état de vétusté des murs ou des cloisons rendrait impossible toute désinfection, car l'un des défauts capitaux des vieilles constructions, c'est d'offrir à la vermine des retraites inexpugnables.

Dans ce second cas on bâtira le poulailler à l'abri des vents du nord, à une bonne exposition d'est ou sud-est; on se souviendra aussi que si la volaille craint le froid, elle redoute aussi la trop grande chaleur; on s'arrangera donc de façon à la garantir du soleil du midi au moyen d'un léger rideau d'arbres. Autant que possible, c'est dans la partie sablée que s'élevera le poulailler.

On le construira en planches assez fortes, à un mètre environ du sol, sur quatre poteaux solidement plantés en terre. On lui donnera une largeur d'environ 1 m. 50 et une profondeur de 1 mètre par 10 têtes de volailles, en augmentant la profondeur de 50 à 60 centimètres par 10 têtes ou fraction de 10 têtes en plus, la largeur restant la même.

La hauteur sera 1 m. 50. On donnera au toit fait de planches de sapin, la pente que l'on jugera convenable, 45 degrés en moyenne. Nous ne conseillons pas le toit en chaume, chaud pourtant en hiver et frais en été, à cause de la vermine qui s'y loge à plaisir.

Une porte de 70 cent. sur 40 est ménagée sur le devant; il faut y pratiquer une ouverture grillagée. De même par devant et par derrière, un peu au-dessous de l'angle du toit, on établira deux ouvertures en losanges, fermées par de la toile métallique, qui établiront au-dessus des bètes, et par conséquent sans leur nuire, un courant d'air léger qui purifiera et rafraîchira pendant la nuit l'atmosphère surchauffée et chargée de gaz du poulailler.

Inutile de dire que quand il fait froid, il faut fermer ces fenètres, mais laisser ouverte l'ouverture grillagée de la porte. La nécessité de cette manière d'agir s'explique par ce fait que les poules enfermées hermétiquement dégagent pendant la nuit une chaleur qui élève considérablement la température du poulailler; le matin quand elles sortent, elles sont saisies soit par l'air froid, soit par l'humidité, et contractent ainsi des maladies mortelles.

Comme dans le premier cas, le plancher sera recouvert de cendres, de plàtre ou de sciure et nettoyé tous les jours; les balayures recueillies formeront un excellent engrais.

Pour permettre aux volailles d'arriver au poulailler, on installera une petite échelle pourvue de trois ou quatre échelons.

Les perchoirs mobiles assez grands pour être établis sur des tasseaux dans la largeur du poulailler, sur une même hauteur, auront 6 centimètres de large sur 3 d'épaisseur. Pas de perchoirs en échelle, les oiseaux voulant toujours occuper l'échelon le plus élevé ; de là luttes et chutes parfois funestes; pas de perchoirs ronds qui fatiguent les bêtes et leur imposent l'obligation de tenir les doigts des pattes toujours serrés.

Les pondoirs mobiles aussi peuvent être faits de paniers en osier qu'on fixe au mur ou à la cloison à 1 mètre du plancher ou encore d'une boite de 35 centimètres carrés sur une hauteur de dix à douze centimètres; on place cette dernière dans les angles, aux endroits où il n'est pas possible aux déjections de les souiller; du reste on peut les mettre même sous les perchoirs en ayant soin de les retirer vers le soir, avant le coucher des poules.

Nous venons de dire perchoirs mobiles, pondoirs mobiles, nos lecteurs auront l'explication de cette recommandation catégorique au chapitre traitant de la vermine.

Le poulailler est construit à un mètre du sol, d'abord pour le garantir des attaques des animaux nuisibles pendant la nuit, puis pour tenir le plancher sec et enfin pour offrir aux poules un abri pendant le jour contre la pluie ou le soleil.

Il sera bon de creuser sous cet abri un trou que l'on remplira de cendres mélangées d'un peu de fleur de soufre; la volaille viendra s'y poudrer, ce qui est sa manière de faire sa toilette.

Il existe encore ce que l'on appelle le poulailler roulant et qui n'est autre que le poulailler dont nous avons donné les dimensions, porté sur quatre roues qui en permettent facilement le transport.

En une autre partie de ce livre, nous en indiqueront la grande utilité.

Les races de poules.

D'habitude on n'élève dans les pays qui ne sont pas en possession d'une race spéciale, que ce qu'on appelle la poule de ferme, c'est-à-dire l'animal le plus imparfait que l'on puisse imaginer, le produit du croisement de toutes les races, produit dû au hasard qui en matière d'élevage, ne fait jamais bien les choses.

Eh quoi, le cultivateur apporte au choix de ses bêtes, chevaux, bœufs, moutons, les soins les plus minutieux; il s'inquiète de la pureté des races, des qualités qu'il sait ne pouvoir obtenir que par le parfait état des reproducteurs, et pour les poules, il n'y fait seulement pas attention? Il nourrit un troupeau de volailles qui ne lui donnent que très peu d'œufs et de mauvais poulets, alors que pour le même prix de nourriture et d'entretien, il aurait des bêtes de races pures dont il connaîtrait sûrement les qualités et qui lui apporteraient des bénéfices palpables; car, il faut bien le reconnaitre, une mauvaise poule coûte autant qu'une bonne, quelque fois plus et l'on n'en obtient rien.

Les bonnes races françaises ne manquent pas, il est facile de se les procurer sinon en achetant des reproducteurs adultes, du moins en faisant venir de chez un éleveur sérieux, les œufs ou les poussins nécessaires au remplacement de la basse-cour.

Les œufs et les poussins supportent parfaitement le voyage à de longues distances, s'ils sont bien emballés et, pour les premiers, envoyés frais; l'expérience l'a démontré cent fois. Seulement il est de toute importance de savoir bien à qui l'on s'adresse et de ne pas accorder sa confiance au premier venu qui vous offre des œufs ou des animaux soi-disant de race pure, primés aux concours, etc., etc., et qui trop souvent ne produisent rien ou des métis informes, impropres à tout élevage sérieux.

Que si l'on ne veut pas sacrifier la basse-cour qu'on possède tout d'un coup, il est un moyen bien simple de procéder. Supprimez chaque année les poules de deux ans après la ponte et remplacez-les par des couvées de la race choisie, que vous avez préparées à cet effet, mais alors, ayez bien soin de supprimer les coqs de race commune qui gâteraient les sujets purs.

Une idée contre laquelle il faut se mettre en garde, c'est celle qui consiste à croire que telle race qui fait merveille dans son pays d'origine, se comportera de même dans le vôtre. C'est une grande erreur qui a causé bien des déceptions.

Les races ne sont arrivées à leur point de perfection dans tel ou tel canton que grâce à un concours de circonstances qui les ont particulièrement favorisées ; le climat, la nature du sol, les produits du pays, et par-dessus tout les soins qu'ont pris les producteurs de ne permettre aucun croisement et de n'employer à la perpétuation de l'espèce que des animaux sans tares et pleins de vigueur.

Il est important d'un autre côté, pour le cultivateur ou l'amateur de bien savoir quelle race lui fournira les poulets les plus précoces, quelle race les œufs les plus gros ou les plus nombreux.

Nous allons donc étudier chaque espèce au triple point de vue du terrain et du climat, de la production de la viande et de la production des œufs.

LA RACE DE HOUDAN

Cette race est à notre avis la meilleure de toutes ; c'est une bonne pondeuse, elle donne environ 140 œufs par an ; ses œufs sont gros. pesant en moyenne 70 grammes ; elle ne couve jamais, ou excessivement rarement. Elle se développe très rapidement ; à quatre mois elle est bonne à engraisser et au bout de trois semaines, elle offre une pièce de premier ordre pesant près de 2 kil. 500.

Cette race peut s'élever sous tous les climats, mais elle exige un grand parcours, sur un sol calcaire ; sur un terrain humide, elle ne produirait rien. Elle est très vagabonde et c'est une qualité, car elle trouve elle-même une grande partie de sa nourriture.

Fig. 3. — Race de Houdan.

Son plumage est noir et blanc, caillouté ; elle possède une huppe très fournie ; ses pattes sont fortes, roses, avec des taches grises, elles ont cinq doigts caractéristiques.

En résumé, race rustique et de grand produit pour peu qu'elle soit dans les conditions requises.

LA CRÈVECŒUR

Encore une race excellente. C'est également une bonne pondeuse qui donne en moyenne 120 *gros* œufs par an.

Elle ne couve que rarement. Son développement est très rapide, elle prend facilement la graisse; sa chair est blanche, exquise; elle peut atteindre en son complet développement le poids de 2 kil. 500.

La Crèvecœur ne prospère que sous un climat tempéré, exempt de brouillards; il lui faut un parcours enherbé; c'est une grande mangeuse d'herbes. Au rebours de la Houdan, elle est sédentaire.

Elle est entièrement noire; elle porte une huppe noire très développée. Les pattes sont noires, courtes et fortes.

C'est une volaille très précieuse, mais qui n'est pas aussi rustique que la Houdan.

LA BRESSE

La race de Bresse présente deux variétés, la Bresse noire ou de Louhans et la Bresse grise ou de Bourg.

La Bresse noire est très bonne pondeuse, elle produit par an 140 œufs; aucune race n'en donne de plus gros, leurs poids moyen est de 80 grammes.

Elle couve assez rarement ; elle est bonne mère et mène à bien ses couvées.

Son engraissement est rapide et facile ; la réputation de la volaille de la Bresse est européenne.

Cette race est très rustique. Elle peut s'élever sous tous les climats ; elle réussit sur presque tous les terrains.

La Bresse grise est aussi rustique que la noire ; elle en a l'engraissement rapide et facile ; mais elle donne une moindre quantité d'œufs, et ses œufs sont beaucoup plus petits, ne pesant en moyenne que 55 grammes.

Son plumage est blanc et gris. Dans les deux espèces, les pattes sont fines et grises.

LA RACE DE LA FLÈCHE

Cette race est une bonne pondeuse : 140 œufs par an pesant en moyenne 70 grammes. Elle ne couve que rarement. Son développement est lent, mais une fois arrivée à point, c'est-à-dire vers six mois, elle prend très facilement la graisse et fournit ces chapons et ces poulardes du Mans qui ont une renommée universelle.

La Flèche demande un terrain sec et un climat

tempéré. L'élevage des poussins exige des soins, car à la première mue, leur duvet tombe sans être remplacé de suite par les plumes, ce qui laisse l'oiseau à nu et l'expose aux refroidissements qui en emportent un grand nombre, pour peu qu'on n'y veille pas. Passé ce moment, la race est très rustique.

Le plumage de la La Flèche est entièrement noir; les pattes sont hautes, fortes, d'un gris foncé.

LA RACE DE BARBÉZIEUX

La poule de Barbézieux est encore une bonne pondeuse, elle donne 150 œufs par an, du poids moyen de 70 grammes. C'est de plus une bonne couveuse.

Elle demande comme la La Flèche un terrain sec et un climat tempéré. Elle se développe assez facilement et est assez rustique.

Le plumage est noir; les pattes sont très hautes et grises; la crête de la poule est large et repliée sur un côté.

Il existe différentes autres races françaises telles que la race du Mans, la courtes pattes, la coucou, la race du Gâtinais, de Gournay, la Caussade, qui ont en général le plumage noir. Ce sont de bonnes pondeuses et de médiocres couveuses. Nous ne nous y arrêterons pas.

Parmi les races étrangères, il nous faut citer en premier lieu

LA RACE DE DORKING

C'est une assez bonne pondeuse qui donne par an 120 à 130 œufs moyens et une excellente couveuse. Elle est d'origine anglaise; elle demande un terrain enherbé et un climat tempéré. La chair est très fine; elle se développe rapidement.

Il y en a quatre variétés, argentée, foncée, blanche et coucou. Les pattes sont fortes, d'un blanc rosé, elles ont cinq doigts.

Vient ensuite

LA RACE CAMPINE

D'origine belge, cette poule est une des plus rustiques, elle peut s'élever sous tous les climats; elle ne redoute pas les terrains humides, ce qui est sa plus précieuse qualité. C'est aussi, par rapport au nombre des œufs, une des meilleures pondeuses qui existent; elle donne par an de 230 à 240 œufs d'un poids moyen de 50 grammes. Elle couve rarement. Elle offre une chair assez délicate, mais le développement est assez lent.

Son plumage est charmant et du plus bel effet dans une basse-cour; c'est un animal d'ornement et de produit. Les pattes sont très fines et gris bleu.

Ce que nous venons de dire de la *Campine* peut s'appliquer à la *Hambourg*, avec cette seule différence que la *Campine* demande un grand parcours, tandis que la Hambourg est plus sédentaire.

Comme races européennes, il nous reste à citer l'Andalouse, l'Espagnole qui sont délicates et veulent des climats chauds, la Minorque, la Leghorn, poule italienne dont les pattes sont jaunes et quelques autres telles que la poule de Padoue, les Baantams, etc., qui sont plutôt d'ornement que de profit.

Mais il faut nous occuper aussi des races exotiques qui se sont fort répandues dans l'élevage français.

En premier lieu, mais non par ordre de mérite vient la *Cochinchinoise*. C'est une race rustique qui prospère sous tous les climats; mais son développement est très lent, sa chair n'est pas fine, tant s'en faut, et ses os sont volumineux: ses œufs abondants (120 par an), sont de moyenne grosseur. Elle a l'avantage de pondre pendant l'hiver: mais c'est une enragée couveuse.

La Cochinchinoise a dû ses succès surtout à sa forme bizarre. Elle est presque carrée et n'a n'a pas de queue ou du moins elle est si courte qu'on ne la distingue guère. Les pattes sont jaunes, écartées, couvertes de plumes.

La race de *Brahma-Pootra* tient beaucoup de la Cochinchinoise, elle en a l'aspect massif. Elle est très rustique en même temps que très sédentaire; elle demande un terrain sec, comme toutes les races qui ont les pattes emplumées. C'est une bonne pondeuse dont les œufs au nombre de 120 à 130 par an, pèsent de 5 à 8 gr. de plus que ceux de la Cochinchinoise.

Mais la meilleure des poules asiatiques, c'est la *Langshan*, originaire du nord de la Chine. Eminemment rustique, elle se plait sous tous les climats et ne craint pas les terrains humides. Son développement est très rapide. A six mois, elle donne net deux kilogs et demi de viande. Bonne pondeuse (115 œufs par an) pesant en moyenne 65 gr., elle est également bonne couveuse, et son entretien ne coûte guère plus que celui des grosses races françaises; en tout cas, il est inférieur presque du tiers à celui de la Cochinchinoise ou de la Brahma.

Il existe aussi des races américaines, la *Dominique*, la *Plymouth-Rock*, la *Wyandotte*, une *race malaise*, etc., mais leur introduction dans l'élevage français ne produirait aucun avantage sérieux, c'est pourquoi nous ne les citons que pour mémoire.

En résumé, les races françaises peuvent nous suffire. Nous demanderons des œufs selon les climats à la Bresse, à la Crèvecœur, à la Houdan, à la Barbézieux, à la Campine et à la Hambourg, et de la viande à la Crèvecœur, à la Bresse, à la Houdan, à la Flèche, à la Dorking et à la Langshan.

En tout cas, ayons toujours soin de choisir la poule dont le centre de perfection, si je puis m'exprimer ainsi, est le plus rapproché de notre installation. Nous serons sûrs d'avoir des animaux sains, vigoureux, qui n'auront à subir aucune phase d'acclimatation et qui donneront sans tarder, le maximum de leurs produits.

Incubation. — Choix des œufs.

Il y a, nous l'avons dit, trois façons de peupler une basse-cour. C'est d'acheter des sujets adultes ou de faire venir des œufs ou des poussins de la race qu'on veut exploiter. Il ne faut pas, dans ces deux cas, regarder aux prix relativement élevés qu'on vous demandera. De la pureté des races dépendra le succès de votre entreprise ; nous vous le répétons encore, adressez-vous à des maisons dignes de confiance et ayant fait leurs preuves.

Nous vous supposons maintenant en possessions d'œufs à mettre en incubation. Il s'agit de les préparer pour s'assurer toutes les chances de réussite.

On ne choisira pas d'abord les œufs les plus gros, on écartera les plus petits ; ce sont les moyens qui conviennent le mieux ; ils seront d'une forme régulière, leur coque sera douce au toucher et solide.

Il faut mettre en incubation autant que possible des œufs de même date ; plus ils seront frais mieux ils vaudront ; ils n'auront pas plus

de six jours en été et pas plus de dix en hiver.
On aura soin de les laver à l'eau tiède, douce-
ment pour enlever les impuretés qui s'oppose-
raient au libre jeu des pores nécessaire à la
respiration de l'embryon.

Incubation artificielle.

On commencera par placer la *Houdanaise* dans une pièce saine et aérée, éloignée de tout bruit, de toute trépidation du sol. L'appareil ne sera pas appliqué contre le mur ; on laissera entre les deux un espace d'au moins 25 centimètres pour la libre circulation de l'air.

Ceci fait, on remplira le réservoir de la couveuse d'eau à environ 50 degrés. Deux heures après cette opération on placera le thermomètre au centre du tiroir, la boule de mercure tournée vers le fond ; le thermomètre montera alors à environ 45 degrés.

Lorsqu'il sera descendu à 41°, on allumera la lampe en donnant à la flamme une hauteur moyenne ; si douze heures après le thermomètre était descendu de quelques degrés, on donnerait un peu plus de flamme à la lampe.

On aura soin de boucher le tube d'entonnage de l'eau.

En un mot, pour régler la *Houdanaise* et la maintenir à la température voulue, soit de 39° à 41°, il suffit de donner plus ou moins de flamme à la lampe. Au bout de deux jours, on a déterminé la hauteur de flamme nécessaire pour maintenir l'égalité de la température.

C'est alors que l'on met les œufs dans le tiroir sur la pièce de drap, de chaque côté du thermomètre ; on continue la même flamme sans tenir compte de l'abaissement momentané de la température produit par l'introduction des œufs.

Matin et soir, on sort le tiroir, on le place sur la couveuse et l'on ferme la trappe. Puis au moyen du tourne-œufs mécanique, on retourne les œufs et on les laisse à l'air pendant 10 minutes en été et 5 minutes en hiver. On profite de ce temps pour remettre du pétrole dans la lampe et en nettoyer la mèche.

Le tourne-œufs mécanique est une ingénieuse invention de M. Philippe, en voici le fonctionnement :

Le fond du tiroir aux œufs est formé d'une tôle perforée sur laquelle est disposée un morceau de drap fixé à droite et à gauche sur un rouleau mobile. Les œufs sont disposés comme on le voit sur le dessin, en rangées séparées les unes des autres par des tringlettes et placés gros bouts contre gros bouts.

Lorsque l'on tourne le rouleau de gauche par exemple, au moyen du petit bouton extérieur, le drap qui est enroulé sur le rouleau de droite se déplace et vient s'enrouler sur celui de gauche, et dans son mouvement fait tourner les œufs.

On facilite le tournage en inclinant le tiroir de façon que les œufs s'appliquent les uns contre les autres.

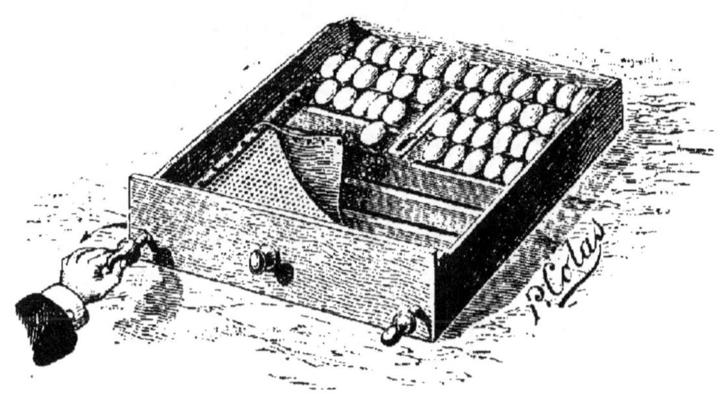

Fig. 4. — Tourne-œufs mécanique.

Pour retourner les œufs en sens contraire on opère de la même façon en tournant le bouton extérieur de droite, alors on surélève le tiroir de ce côté au moyen d'un petit tasseau de 5 à 6 centimètres de haut.

Le retournement des œufs est, dans l'incubation artificielle une condition essentielle de l'éclosion; aussi faut-il s'assurer que les œufs ont été régulièrement tournés. Pour y arriver on les marque de deux traits de crayon de couleur différente en se servant pour cette opération du marque-œuf Philippe qui est indispensable pour arriver à la régularité nécessaire.

Fig. 5. — Marque-œufs.

On n'a qu'à passer l'œuf entre les deux crayons qui, montés sur ressorts, s'appliquent aux œufs de toutes les tailles.

Mirage des œufs.

Le cinquième jour de l'incubation, on mirera  les œufs, c'est-à-dire qu'au moyen du mire-œufs à double écran (figure 6), on reconnaîtra les œufs fécondés de ceux qui ne l'étant pas, doivent être retirés de la couveuse.

L'œuf fécondé se reconnait facilement; l'embryon s'est développé dans son milieu et affecte la forme d'une araignée, comme l'indique la gravure (7).

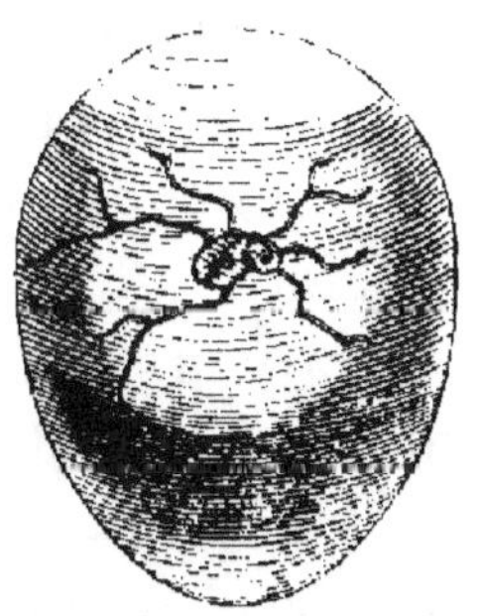

Fig. 6. — Mire-œufs.

Fig. 7. — Œuf fécondé.

L'œuf clair, au contraire, a son centre opaque (figure 8).

Pour se servir de l'appareil, on place l'œuf entre les deux écrans et on le présente ainsi, dans un lieu obscur, à la lumière d'une bougie ou d'une lampe (figure 9).

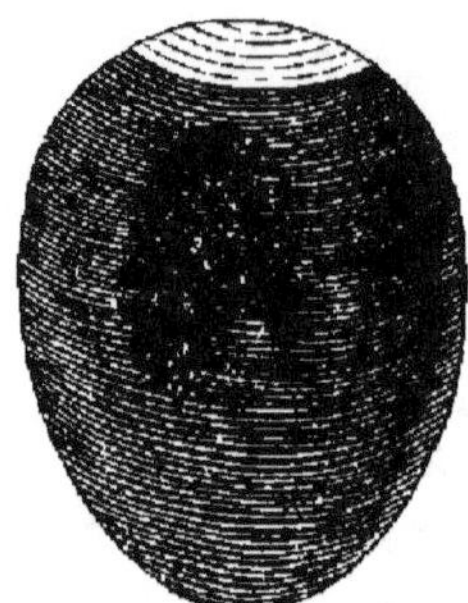

Fig. 8. — Œuf clair.

Fig. 9. — Mire-œufs.

Les œufs clairs peuvent encore être utilisés pour la cuisine ou pour la nourriture des petits poussins que l'on peut avoir.

Mais ce n'est pas là seulement l'utilité du mirage. Il permet de reconnaître les œufs qui, leur germe étant mort, pourraient éclater dans la couveuse et faire périr par les gaz nauséabonds qu'ils laisseraient échapper, tous les embryons voisins encore vivants.

Dans les couveuses à deux tiroirs, ceux-ci devront être changés de côté matin et soir.

Le quinzième jour de l'incubation, on trempera dans l'eau tiède la pièce de drap qui se trouve dans le tiroir de zinc placé sous le tiroir des œufs, on la tordra pour ne pas laisser trop d'eau et on la remettra dans le tiroir. L'opération devra être renouvelée toutes les fois que la pièce de drap sera sèche. C'est de cette façon qu'on fournira aux œufs l'humidité qui leur est nécessaire pour donner une bonne éclosion.

Le réglement de la lampe, très important, se fait de la façon suivante :

Retirer la lampe de la couveuse en la soulevant de bas en haut, poser un *verre de lampe* sur la capsule pour juger de la hauteur de la flamme ; ensuite, retirer la capsule qui est mobile, essuyer la mèche avec un chiffon, et remplir la lampe de pétrole, l'allumer et régler la flamme, en se servant toujours du verre, lequel est indispensable, car sans lui la flamme resterait sous la capsule et l'on ne pourrait juger de sa hauteur.

Pour l'introduction de la lampe dans sa cavité, il faut l'incliner par l'avant en la maintenant de la main droite, pendant que de la gauche on introduit dessous *la petite planchette* qui la surélève de façon à ce que la capsule pénètre bien dans la cheminée.

Voilà tout ce qu'il y a à faire jusqu'au jour de

l'éclosion : surveiller la température et l'élever ou l'abaisser selon les indications du thermo-mètre, au moyen de la lampe.

Il faut avouer que la couveuse artificielle, et principalement la Houdanaise perfectionnée par M. Philippe, simplifie bien les choses, si on fait une comparaison avec la couveuse naturelle que nous allons voir en œuvre.

Incubation naturelle.

Après avoir choisi et préparé les œufs comme nous l'avons dit plus haut, on les mettra au nombre de treize à quinze, suivant la taille de la poule, sur du foin ou de la paille, dans un panier en osier muni d'un couvercle qui empêchera la poule de sortir et d'abandonner sa couvée.

Il faudra d'abord bien s'assurer si la poule veut décidement couver, car si elle quitte le nid, les œufs sont perdus. Puis on prendra garde qu'elle n'ait pas de poux et qu'il n'en existe pas non plus dans le panier où se fera l'incubation. Avec la couveuse artificielle, ni vermine, ni mauvaise volonté à redouter.

On lèvera la poule tous les jours pour qu'elle prenne sa nourriture et qu'elle se vide et on la remettra non pas sur les œufs qu'elle pourrait casser dans ses mouvements désordonnés, mais sur le bord du nid. Elle se replacera d'elle-même sur ses œufs.

Eclosion.

L'éclosion a lieu le vingt-et-unième jour. Ce jour-là, on ne fera pas usage du tourne-œufs. A la couveuse artificielle, on retournera les œufs à la main en ayant soin de placer au-dessus la partie des œufs déjà *béchée* par les poussins.

Dans aucun cas, on n'aidera les poussins à sortir de leur coquille, ce serait les exposer à une mort presque certaine.

Les poussins seront retirés du tiroir seulement le matin et le soir au moment du retournement des œufs et chaque fois, les œufs non encore éclos devront être ramenés au centre.

Pour compenser la déperdition de chaleur qui suit inévitablement le retrait des poussins éclos, on donnera un peu plus de flamme à la lampe.

Les poussins retirés de la couveuse seront mis, soit dans la sécheuse artificielle, soit dans un panier de foin bien doux, et recouverts d'un lainage plus ou moins épais selon la saison; puis 24 heures après ils seront mis sous l'éle-

veuse artificielle, celle-ci ayant été préalablement chauffée.

Disons en passant qu'on fera bien de
tenir pour chaque couveuse un registre dans
le genre de celui dont nous donnons le modèle
ci-dessous. Il servira de point de repaire pour
les incubations subséquentes, ce sera l'expérience de l'éleveur inscrite chaque jour pour le
plus grand bien de l'avenir.

DATES	DEGRÉS DU MATIN	FLAMME	DEGRÉS DU SOIR	FLAMME	OBSERVATIONS

NOTA. — La flamme sera haute, basse ou moyenne.

L'éclosion des œufs placés sous la poule a lieu
au bout du même espace de temps, c'est-à-dire

21 jours. A mesure qu'elle se produit, on enlève les coquilles qui pourraient blesser les poussins. Mais cependant on ne doit pas déranger trop souvent la poule qui quitterait le nid, abandonnant les œufs non encore éclos. Si ce cas se produisait, il faudrait retirer à la couveuse les poussins déjà nés et la remettre sur le nid. On placerait les petits poulets dans un panier plein de plume tenu dans un endroit chaud et une fois l'éclosion achevée, on les rendrait à leur mère.

La première chose à faire une fois la poule levée, est de changer la paille du nid à cause des insectes qui peuvent s'y trouver.

*
* *

Nous avons laissé les poussins éclos artificiellement sous leur éleveuse; disons que les appareils Philippe peuvent recevoir une sécheuse où les nouveau-nés sont déposés pour s'y ressuyer en attendant leur mise sous l'éleveuse. Ils restent de 10 à 20 heures dans la sécheuse et, après ce temps, sont parfaitement secs.

L'éleveuse est le complément obligé de la couveuse. Cette mère artificielle remplit admirablement sa tâche; elle s'en acquitte mieux que la plupart des poules et des dindes; car s'il y en a de douces et d'attentives, il s'en trouve bien davantage de farouches, de vagabondes qui au lieu de réchauffer leurs petits, les entraînent au dehors dans la rosée; ou bien, en grattant avec fureur, les piétinent et les projettent au loin, renversant et salissant la nourriture et la boisson.

Fig. 10. — Éleveuse artificielle.

L'éleveuse au contraire est une mère docile et toujours prête à réchauffer ses petits dès qu'ils en sentent le besoin. Il suffit de maintenir sous elle une chaleur de 20 degrés.

4

L'éleveuse sera placée dans un local sec, à l'abri des brusques changements de température. Tous les matins, on changera la litière, et à mesure que les poulets grandiront on haussera l'appareil en plaçant des cales sous ses pieds.

Autour de l'éleveuse se trouve un parc mobile que l'on agrandit peu à peu en y ajoutant un panneau et que l'on supprime au bout de 8 à 10 jours, quand les poulets ont besoin de plus d'espace.

Il ne faut pas perdre de vue que la nuit, les poussins étant tous réunis sous l'éleveuse, ils y entretiennent une température élevée qu'il y aurait danger à accroître en donnant trop de flamme à la lampe.

Les poulets s'habituent dès les premiers jours à leur mère artificielle et c'est plaisir de les voir aller et venir de leur chaude cachette à la succulente pâtée. Bien des gens s'imaginent que les poulets ont besoin d'une poule qui les appelle et les conduise: c'est une erreur, ils n'ont besoin que de chaleur et de nourriture ; n'ayant pas connu d'autre mère, ils aiment l'instrument quel qu'il soit qui leur procure cette bienfaisante chaleur et près duquel ils trouvent la table toujours mise et abondamment servie.

A six semaines, les poulets n'ont plus besoin de l'éleveuse.

Les poussins éclos sous une poule demandent une surveillance de tous les instants. On met généralement la mère sous une *mue*, sorte de cage ronde en osier, à claire-voie qui permet aux poussins de prendre leurs ébats au dehors tout en étant sous la surveillance de la mère qui les appelle continuellement.

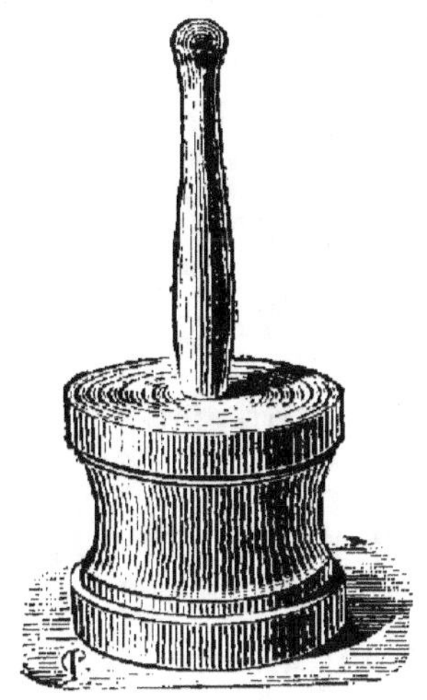

Fig. 11. — Billot.

Nourriture des poussins.

La nourriture des poussins consistera pour les deux premiers jours, en une espèce de pâtée faite de pain rassis émietté dans du lait, ou bien de pain rassis, de salade hachée et d'œufs durs.

Puis on y ajoutera un peu de millet; on y fera entrer de la farine d'orge ou de sarrasin non blutée en supprimant le pain peu à peu.

La pâtée doit être le fond de la nourriture des poussins ; on la leur offre sur des billots (figure 11); il faut donc qu'elle soit assez dure, mais pas trop pourtant. On peut y mêler un peu de sang desséché qui fera grand bien aux petites bêtes.

On variera par des distributions de millet d'abord, puis de petit blé, puis de sarrasin dans des augettes. On donnera de la verdure sous forme de salade.

On pourra aussi mélanger à la pâtée du riz très cuit qui servira à remplacer l'œuf à mesure qu'on le supprimera.

Les repas seront très fréquents, ils seront au nombre d'au moins quatre par jour.

L'eau devra être donnée très pure, très fraîche dans les abreuvoirs syphoïdes hygiéniques, en fonte de fer et non pas dans des plats où les poussins se mouillent, où l'eau se salit des déjections.

Fig. 12. — Abreuvoirs syphoïdes hygiéniques.

Ces abreuvoirs ont trois augettes; leur disposition empêche les volailles de salir leur eau en marchant dedans ou d'y déposer leurs excréments, et leur nature même permet de tenir toujours à la disposition des animaux une eau fraîche et suffisamment ferrée pour les maintenir en bonne santé.

Le ferrage de l'eau a été de tout temps recommandé par les auteurs qui se sont particulièrement occupés d'aviculture.

Le fer excite l'appétit, fortifie et empêche l'anémie, maladies auxquelles sont sujettes les volailles, surtout celles occupant un espace restreint.

L'avantage supérieur de ces abreuvoirs est leur démontage facile, ce qui permet le nettoyage intérieur, et facilite la rouille.

Pour le remplissage, il suffit de retourner l'appareil, de dévisser le bouchon, et de remplir au moyen d'un entonnoir; cela fait, le retourner vivement et le poser d'aplomb; l'eau ne descend dans les augettes qu'au fur et à mesure de la consommation.

.

Du neuvième au onzième jour les poussins subissent une crise, celle de la pousse des plumes des ailes et de la queue; on leur offrira un peu de pain trempé dans du vin; du cœur de bœuf cuit à l'eau, mélangé dans une pâtée de riz bien cuit avec de la chicorée sauvage hachée. Des œufs de fourmis, des asticots en petit nombre, ne seront pas non plus inutiles en pareil cas.

Il est de toute nécessité de placer près de l'éleveuse artificielle ou près de la mue, — car ce que nous venons de dire s'applique aussi aux poussins élevés par leur mère, sauf qu'il faut mettre leur nourriture spéciale hors de la portée de celle-ci, — un peu de sable étendu sur le sol. Ces petites bêtes en ont grand besoin pour aider à la trituration de leurs aliments dans leur gésier.

Il est aussi de la première importance d'entretenir les poussins dans la plus grande propreté si on ne veut les voir devenir la proie de la vermine et compromettre ainsi toute une saison d'élevage.

Est-il utile de dire que si les jeunes poulets redoutent la pluie, ils redoutent aussi également le grand soleil au moins dans les premiers jours de leur existence; mais ils en aiment la chaleur. On placera donc les mues au soleil, mais on les abritera toutefois d'un paillasson, d'une toile, etc.; on fera de même pour les éleveuses dont on garantira le parc mobile de la même façon.

A deux mois, on séparera les poulets que l'on veut engraisser de ceux que l'on veut conserver comme reproducteurs ou pour les œufs.

Aux premiers on continuera les pâtées de farine d'orge, non blutée, de maïs ou sarrasin, mouillées de petit lait, mais pas de farine de blé, ni de seigle.

Aux seconds, on donnera du grain, maïs, sarrasin, blé. dans des augettes ou mieux dans des trémies qui évitent tout gaspillage.

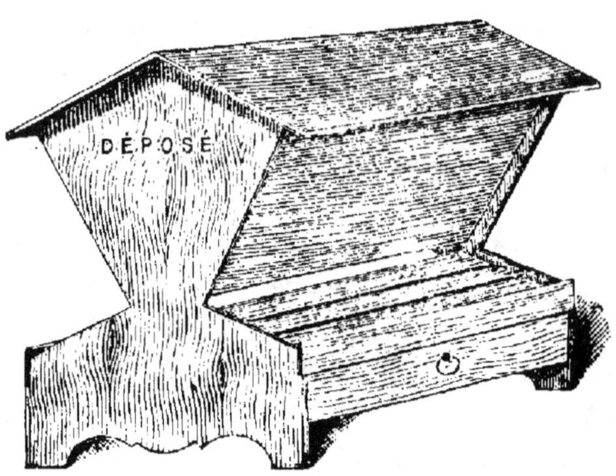

Fig. 13. — Trémie-Buffet.

Engraissement.

Quand un poulet bien préparé, c'est-à-dire qui n'a souffert ni de la faim, ni du froid, ni de la vermine a atteint l'âge de trois mois et demi, à moins qu'il ne soit d'une race lente à se développer, on peut le mettre à l'engraissage.

Les poulets qu'on destine à subir le traitement *ad hoc* sont — en toute espèce de cas, — installés dans un local chaud en hiver, frais en été, tranquille et un peu obscur.

Il y a plusieurs façons d'engraisser les volailles ; les plus sûres, les plus expéditives sont les deux suivantes :

La première s'adresse surtout aux amateurs qui ne produisent que pour leur consommation personnelle. Elle a lieu au moyen de l'Épinette que la gravure (14) nous dispense de décrire. Un séjour de huit à dix jours suffit pour mettre les volailles à point.

Chaque compartiment possède deux augettes ; l'une, contient l'eau qui doit toujours être pure, et fraîche, l'autre reçoit la pâtée qu'on donnera à discrétion et ne sera composée autant que possible de farine d'orge non blutée, délayée de préférence dans du petit lait ou du lait écrémé coupé d'eau. (un kilo deux cents grammes de farine pour un litre de liquide.

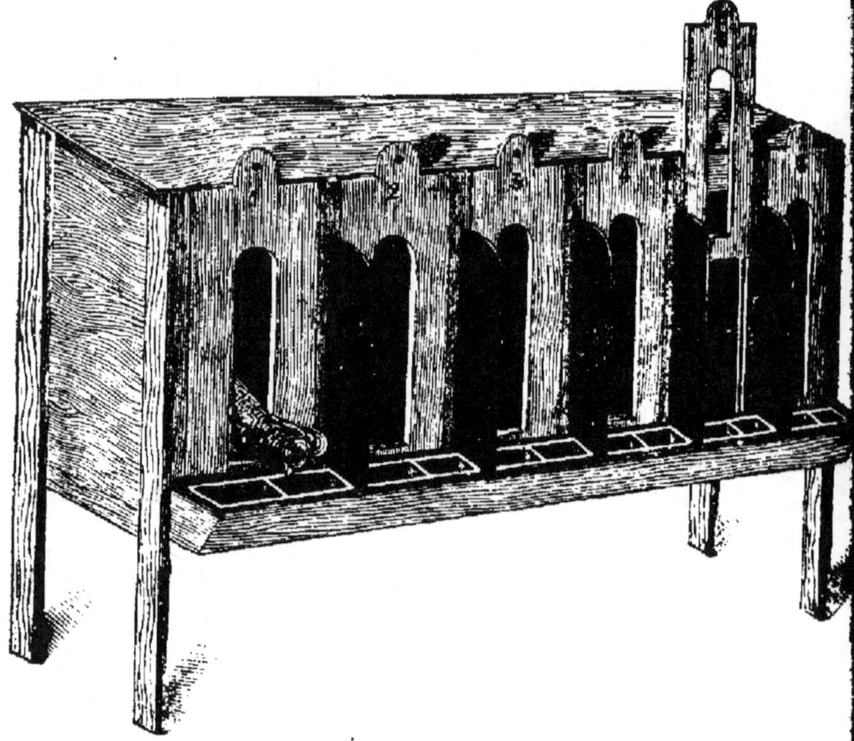

Fig. 14. — Épinettes pour engraissement.

Inutile de recommander la plus scrupuleuse propreté; le fond de l'épinette est d'ailleurs garni de barreaux pour laisser passer les fientes qui tombent à terre sur une couche de sciure ou de sable, fréquemment renouvelée.

Quant aux industriels qui ont en vue une exploitation régulière des volailles grasses, ils emploieront la gaveuse mécanique (figure 16).

Quelques mots ici, sur le prix de revient et de vente des poulets gras.

On estime, à Houdan, en plein pays d'élevage que le poulet de trois à quatre mois que l'on destine à l'engraissement revient de 1 fr. 75 à 2 fr., et que cet engraissement revient lui-même à environ 1 fr. 50. Le poulet prêt à être porté au marché coûte donc 3 fr. 50 au grand maximum. Il sera vendu sûrement 5 fr. d'où bénéfice net de 1 fr. 50 par tête pour trois semaines d'un travail qui n'a rien d'absorbant ni de fatigant.

Nous n'insisterons pas sur ce résultat que tout le monde peut atteindre partout et même dépasser.

Nous allons seulement donner les moyens d'y arriver.

Tout d'abord la salle d'engraissement sera située dans la partie la plus tranquille de l'établissement.

On y installera les épinettes spéciales dont nous donnons ci-dessous un dessin (fig. 15).

Chaque épinette peut recevoir douze volailles; elle se compose de quatre casiers *mobiles* partagés chacun en trois cases et contenus dans un bâti tout en fer, le fond de chaque case est à claire-voie, sauf la partie antérieure où se tient

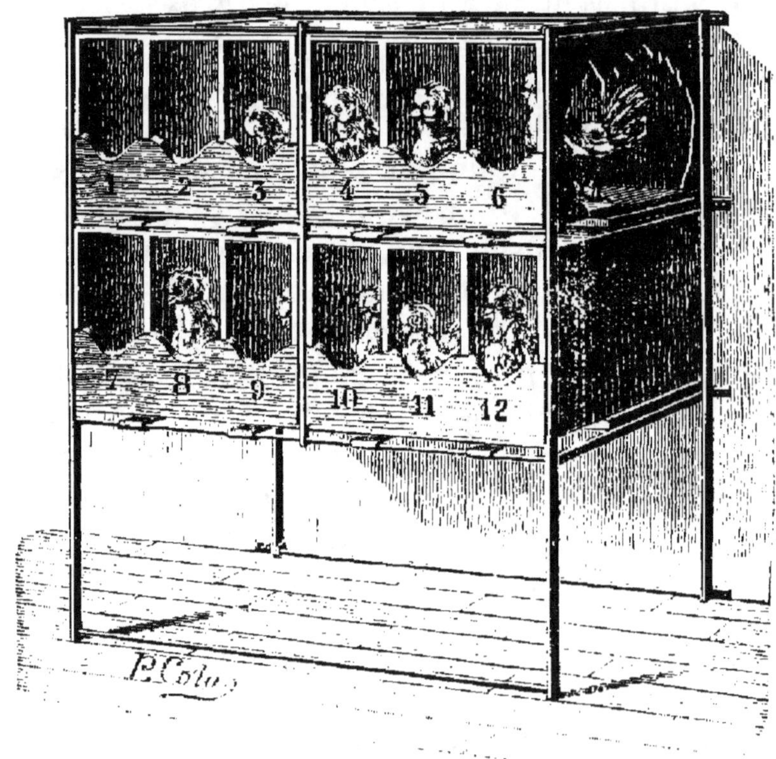

Fig. 15. — Épinettes spéciales.

l'animal. Cette disposition permet d'éviter que l'animal ne soit sali par ses ordures et souffre de cet état de malpropreté qui pourrait compromettre son engraissement. Ses fientes tombent sur un plateau de zinc mobile qui permet de fréquents nettoyages.

Chaque épinette de douze cases mesure 1 m. 34 de longueur sur 45 centimètres de profondeur. Grâce à la connaissance de ces dimensions, chacun pourra se rendre compte soit du nombre de volailles qu'il peut engraisser dans un local donné, soit de l'espace dont il doit pouvoir disposer pour engraisser un nombre de volailles déterminé.

La gravure (17) donne une idée de ce que doit être l'installation d'une salle d'engraissement.

La gaveuse Philippe (figure 16) la plus perfectionnée, la moins chère de toutes celles établies jusqu'à ce jour, se compose de quatre montants supportant un seau contenant la pàtée; celle-ci descend dans un tuyau de toile caoutchoutée qui se continue par un tube de caoutchouc auquel est adapté le robinet gaveur. Un rouleau compresseur actionné par la pédale, appuie sur la partie supérieure du tube en toile caoutchoutée, maintenue d'autre part par une planchette, et refoule ainsi la pàtée dans le tube de caoutchouc et de là, dans le gésier de l'oiseau. A chaque coup de pédale un ressort à boudin fait relever le rouleau compresseur et une nouvelle quantité de pàtée descend dans le tuyau qui n'est plus comprimé.

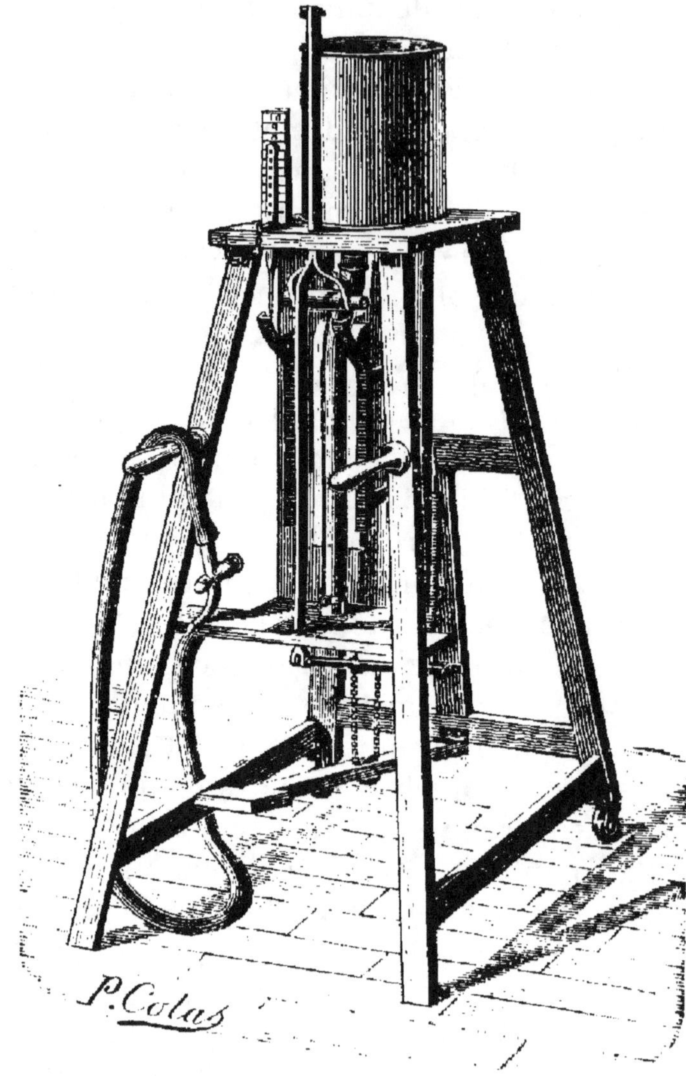

Fig. 16. — Gaveuse mécanique Philippe.

Fig. 17. — Installation d'une salle d'engraissement.

La planchette sur laquelle s'appuie le tuyau de toile caoutchoutée, est mobile, la compression sur celui-ci ne s'exerce qu'à la partie supérieure de la planchette. Cette planchette est manœuvrée par une tige de fer qui se meut extérieurement, sur le plateau de la gaveuse, le long d'une plaque émaillée portant des indications relatives à la quantité de pâtée qui sera ingurgitée par la volaille à chaque coup de la pédale. Chaque cran de cette plaque représente un centilitre; à la tige de fer correspondant à la planchette sont percés plusieurs trous qui servent au moyen d'une clavette à maintenir cette tige à la hauteur fixée par le chiffre de centilitres qu'on veut administrer.

La gaveuse étant prête à fonctionner, on verse dans le seau la pâtée préparée au moyen du malaxeur (fig. 18). Cette pâtée doit être claire. Elle se compose d'environ 400 grammes de farine d'orge blutée délayée dans un litre de liquide; petit lait la première semaine, lait écrémé la seconde et lait pur la troisième.

Ceci fait en temps utile, on prend le poulet, — sans le sortir de sa case, — de la main gauche on lui maintient la tête en ayant bien soin de ne pas comprimer le cou; de la main droite on lui introduit le robinet gaveur dans le bec, puis on appuie du pied droit sur la pédale et l'animal reçoit sa ration.

L'opération doit avoir lieu trois fois par jour, à heures fixes, le matin, à midi et le soir.

La gaveuse Philippe a 0,80 de côté; elle est montée sur roulettes, ce qui permet de la déplacer facilement et de l'amener successivement devant toutes les épinettes.

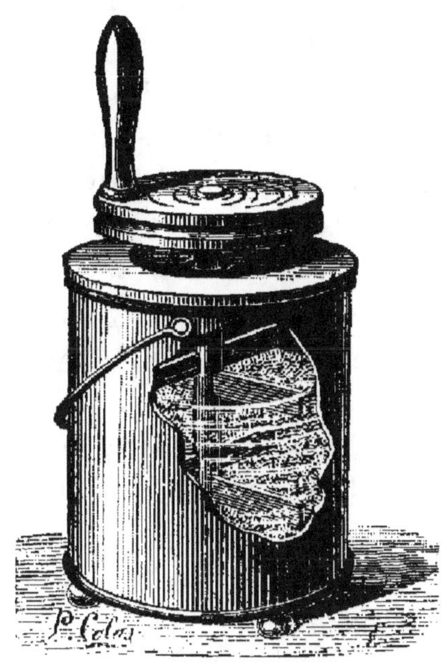

Fig. 18. — Malaxeur.

Le fonctionnement de l'appareil est des plus simples, il n'exige aucun apprentissage de la part de l'opérateur qui, avec un peu d'habitude, peut facilement gaver 125 volailles à l'heure.

Après chaque repas donné aux volailles, l'on devra vider ce qui reste de pâtée dans le seau et passer de l'eau dans celui-ci à robinet ouvert.

Quelques coups de pédales suffiront pour expulser la pâtée des tuyaux, et nettoyer suffisamment l'intérieur de ceux-ci.

L'engraissement, avons-nous dit, dure trois semaines. Bien conduit, il peut faire gagner près d'un kilo au poulet qui y est soumis.

Au bout de cette période, la volaille est parfaite de tous points et prête à figurer sur la table du gourmet le plus difficile.

Tout à l'heure, nous avons parlé du malaxeur ; c'est un ingénieux appareil que la maison Philippe a imaginé pour abréger le travail de la fabrication de la pâtée des volailles.

Le *Malaxeur vertical à palettes*, très répandu dans nos campagnes, évite la fatigue qu'occasionne le délayage à la main ou avec une spatule de bois, en outre le travail se fait très rapidement et le mélange est mieux fait.

Comme pour le délayage à la main, l'on met dans le seau la farine et le lait et en 4 tours de roue la pâtée est faite.

Cet appareil, d'une grande solidité, est construit en bois et zinc, et se démonte à volonté, ce qui facilite le nettoyage ; le montage est fait de façon que l'on peut aussi bien délayer 1 litre de farine que 5 ou 10.

Basse-cour des pondeuses.

Si l'on veut produire des œufs pour la consommation, la vente ou la reproduction, il est de toute nécessité d'établir une basse - cour spéciale pour les pondeuses.

Nous avons indiqué dans notre liste des différentes races de poules, celles qui donnaient le plus d'œufs. Au lecteur de choisir.

Nous avons vu quelle est l'installation des pondoirs. Dans les nids, on met de la paille douce de préférence au foin.

Il ne faut donner que dix poules, douze au plus à un coq, si l'on veut avoir des œufs fécondés pour la reproduction. Si l'on ne veut des œufs que pour la vente, le coq est inutile.

Le coq ne doit pas avoir plus de quatre ans ; passé cet âge il n'a plus de vigueur.

La poule pondeuse ne doit pas être conservée plus de trois ans, autrement elle coûte plus qu'elle ne rapporte.

Il faut s'appliquer, en toute espèce de cause, à n'avoir que des bêtes présentant bien tous les caractères de leur race. Pour cela, on prati-

quera dans les couvées, une rigoureuse sélec-
tion, envoyant à l'engraissement tout sujet qui
a la moindre tare.

On donnera aux poules pondeuses le plus
grand parcours possible, car elles trouveront
dans les terrains qu'elles parcourront, une
grande partie de leur nourriture et cette nourriture leur sera plus profitable que celle qu'on
leur fournit habituellement.

A celles qui sont enfermées, il faut offrir outre
les grains et les pâtées nécessaires, de l'herbage
en abondante quantité sous forme d'herbe, de
salade, de choux, etc., etc., des matières ani-
males, débris de viande, vers, asticots, etc., qui
peuvent suppléer aux insectes qu'elles trouve-
raient dans les champs.

L'eau sera toujours distribuée dans des abreuvoirs syphoïdes ; nous avons dit pourquoi.

Les poules commencent à pondre à l'âge de
six mois ; elles produisent d'abord de petits
œufs ; la seconde année est la plus productive,
tant au point de vue du nombre que de la
grosseur des œufs ; la troisième année est
encore bonne, puis l'animal va déclinant. C'est
pourquoi il ne faut pas garder les poules plus
de trois ans.

Les grains qui stimulent le plus la ponte sont
le chénevis et le blé. Il ne faut pas abuser du

chênevis qui est très échauffant. Puis viennent l'avoine, le sarrasin et le maïs qui porte un peu trop à la graisse.

Le moyen d'obtenir des œufs en hiver, c'est d'installer les poules dans une étable et de leur donner une nourriture échauffante, des pâtées chaudes. De cette façon, elles pondent alors que les autres qui ne subissent pas le même traitement, sont complètement arrêtées.

Pour attirer les poules au nid, on leur laisse un œuf; il est bon que cet œuf soit en porcelaine, car s'il était naturel, il courrait risque de se briser ou bien encore d'être recueilli comme bon alors qu'il serait pourri depuis longtemps.

On déniche les œufs à midi et vers le coucher du soleil, en prenant bien garde de ne pas effaroucher les poules en train de pondre.

Pour empêcher une poule de couver, il suffit de la mettre sous une mue en ne lui offrant pour toute nourriture que de l'herbage, et en la baignant plusieurs fois dans l'eau fraiche; au bout de cinq à six jours de ce régime, elle aura perdu toute envie de couver.

Conservation des œufs.

En avril, mai, juin, août et septembre, les poules pondent abondamment; les œufs abondant sur le marché, sont à un prix minime. Les autres mois, au contraire, ils se vendent fort cher.

Comment faire sa provision, soit pour le ménage, soit pour la vente ! c'est ce qu'on a recherché. Plusieurs méthodes ont été proposées. Voici les principales.

1. — On couvre les œufs frais d'une couche de matières grasses, de gomme arabique, de cire, puis on les roule dans de la poussière de charbon de bois où on les fait tenir debout sur la pointe.

2. — On roule les œufs dans du beurre et on les conserve dans le sel.

3. — On les enduit d'un léger vernis fait de gomme laque dissoute dans l'alcool. Quand ils sont secs, on les met dans du son ou de la sciure de bois. Pour s'en servir, il faut enlever le vernis avec de l'alcool et l'on retrouve les œufs aussi frais que venant d'être pondus.

4. — On met les œufs par couches, dans un

vase en terre non poreuse et l'on verse dessus du lait de chaux dans lequel on a fait dissoudre du sel marin ; il faut que la dernière couche soit recouverte d'au moins 10 centimètres de liquide.

Si le vase est d'une certaine capacité, on adaptera dans la partie inférieure un robinet par où on fera écouler le liquide à mesure que l'on retirera une ou plusieurs couches d'œufs.

5. — Un moyen des plus simples consiste à prendre une caisse dont le fond sera retenu par des vis graissées, d'y étendre une couche de sel sur laquelle on mettra la pointe en bas, les œufs préalablement lavés et secs ; on recouvrira cette couche de la quantité de sel nécessaire et l'on recommencera la même pratique jusqu'à ce que la caisse soit pleine.

On placera cette caisse dans un endroit aussi frais que possible, en ayant soin de la renverser de façon qu'en dévissant le fond, on puisse se servir d'abord des œufs les plus anciens.

Cette méthode permet de les conserver excellents durant au moins trois mois.

Le sel employé peut toujours être remis en usage.

Il va sans dire que l'on s'exposerait à de graves mécomptes si l'on utilisait pour l'incubation les œufs ainsi conservés.

Maladies.

Les poules que l'on entretient proprement, auxquelles on ne mesure ni l'air, ni la lumière, ni la nourriture, auxquelles on a bien soin de ne laisser que de l'eau pure et fraîche et en grande quantité, ces poules ne seront que rarement sujettes aux maladies si nombreuses qui déciment, ou parfois anéantissent les basses-cours.

La plus terrible est la *diphtérie* qu'on désigne communément sous le nom de pépie. Elle est contagieuse au plus haut point.

Elle est caractérisée par une exsudation cancéreuse de la gorge, du bec et des différentes parties du corps. L'animal qui en est atteint devient triste, il reste à l'écart, ses plumes se hérissent. Il faut le tuer immédiatement et l'enfouir loin de la basse-cour. Chercher à le guérir serait inutile, ou du moins prendrait beaucoup de temps et exposerait à des conséquences graves.

Le mieux est de sacrifier le ou les oiseaux atteints. Il faut alors nettoyer à fond tous les ustensiles, abreuvoirs, augettes, avec de l'eau contenant 10 p. cent d'acide sulfurique ; arroser de cette eau le sol de la basse-cour et du poulailler, en laver les murs et les cloisons et faire brûler dans le poulailler 25 grammes de fleur de soufre par mètre cube de capacité. On laissera le local fermé pendant au moins 24 heures et l'on aérera ensuite largement.

Pour prévenir cette maladie, ce qui vaut mieux que d'avoir à la combattre, il faut renouveler l'eau très souvent ; nettoyer très souvent les ustensiles, tenir le sol de la basse-cour et du poulailler en un état de propreté continuel. On conseille aussi de mettre dans l'eau des abreuvoirs quelques grammes de sulfate de fer.

La *roupie* est un écoulement d'humeur par les fosses nasales. Elle est contagieuse. Le mieux est de tuer l'animal qui en est atteint.

La *constipation* est due le plus souvent au manque de nourriture herbacée ; elle attaque surtout les couveuses. Le remède consiste à fournir de la salade, de l'oseille, des choux, etc., du son mouillé. Si cela ne suffisait pas, on ferait prendre à la bête un peu d'huile d'olive, ou un peu de manne délayée dans de l'eau avec un peu de farine.

La *diarrhée* provient d'une nourriture trop humide. On nourrira les malades d'aliments secs et échauffants, avec un peu de pain trempé dans du vin ou du cidre. Si la maladie résiste, on fera prendre à l'animal un peu d'infusion de camomille faite dans du vin chaud.

Maladie du croupion. — Cette maladie est aussi une de celles produites par la malpropreté. La poule est triste; elle a les plumes hérissées; elle ne gratte plus et a de la constipation.

En l'examinant on trouvera au croupion une tumeur qu'on incisera avec un canif bien affilé et qu'on pressera pour en expulser le pus qu'elle renferme. On lavera la petite plaie avec de l'eau mélangée d'un peu de vinaigre ou additionnée de sel, ou avec du vin.

L'animal sera isolé et nourri de son mouillé et de salade jusqu'à parfaite guérison.

La *toux* est produite par des petits vers rouges qui s'accumulent dans la trachée. La poule est haletante, elle baille sans cesse en faisant des efforts pour aspirer l'air.

Il faut séquestrer la malade et lui donner à manger une pâtée de mie de pain rassis, de salade et d'ail hachés très finement. Dans la boisson on mettra par litre un gramme d'acide salycilique.

On nourrira de même pendant quelques jours les animaux avec lesquels la malade a vécu, car cette affection est très contagieuse.

La *gale des pattes* provient d'un insecte très petit qui se multiplie sous les écailles, les soulève et les exfolie. C'est une gène pour l'oiseau. Pour l'en débarrasser on appliquera une mixture composée de sulfure de carbone (10 gr.) et de vaseline (30 gr.), au moyen d'un morceau de flanelle. Au bout de quelques jours on recommence et il est rare qu'on ait besoin de procéder à une troisième opération.

On peut aussi après les avoir nettoyées autant que possible, badigeonner les pattes de benzine et d'huile d'olive mélangées.

La *goutte* et le *rhumatisme* sont dûs à l'humidité. Les jambes sont raides et gonflées. Aucun remède. Quand on a quelques animaux atteints, c'est un signe de la mauvaise installation du poulailler et de la basse-cour.

Le *piquage* est une sorte de manie qui s'empare des poules et qui les fait se déplumer l'une l'autre pour manger leurs plumes. On y remédie en offrant aux poules des choux entiers que l'on suspend dans la basse-cour.

PARASITES.

Encore une cause fréquente d'échec dans l'élevage. Nous ne ferons pas la description des différents poux qui attaquent les volailles, nous indiquerons la manière d'en débarrasser les bêtes et le poulailler.

Pour les bêtes on leur fera prendre un bain tiède composé de 30 grammes de sulfure de potassium pour un litre d'eau. Auparavant, on enduira les plumes où sont attachées les lentes, d'huile de colza ou mieux d'huile phéniquée.

Si l'on est en hiver, quand les poules sortiront du bain, on les enfermera dans un lieu chaud jusqu'à ce qu'elles soient séchées.

Le poulailler sera badigeonné à la chaux dans toutes ses parties, puis avant que ce badigeonnage soit séché on fera une fumigation sulfureuse en brûlant 30 grammes de soufre par mètre cube de capacité.

Une bonne précaution consiste à jeter de la fleur de soufre ou de la poudre de pyrèthre dans les trous pleins de cendres où les poules vont se poudrer.

Inutile de dire que si le poulailler n'est pas tenu dans une scrupuleuse propreté, tout est à recommencer au bout d'un intervalle très court.

Le dindon.

Le dindon se trouve dans presque toutes les basses-cours. C'est un animal dont l'élevage est lucratif quand on dispose d'herbages étendus où il puisse trouver une partie de sa nourriture.

Mais on ne le garde guère dans les cours avec les autres volailles à cause de son humeur méchante et tracassière. Il s'attaque en effet aux poussins, aux poules qu'il tue souvent et même aux poulets.

Il y a trois races principales de dindons : le dindon noir, le dindon blanc, qu'on élève surtout à cause de ses plumes, et le dindon rouge.

Ces trois races sont également rustiques et viennent à bien sous tous nos climats.

Le dindon mâle peut féconder cinq à six femelles ; il doit être pris de un an au moins à quatre ans au plus.

La dinde commence sa ponte dans la première quinzaine de mars : elle aime à cacher ses œufs, inconvénient auquel on obvie en l'habituant à coucher dans une petite pièce spéciale et en ne la laissant sortir qu'après s'être assuré en la tâtant qu'elle a déjà pondu.

Elle peut faire une seconde ponte en août si on ne l'a pas laissée couver ou si elle a couvé de bonne heure.

Il faut avoir soin de laisser dans son nid un de ses œufs et non un œuf en porcelaine qui ne ferait pas le même effet. Pour le reconnaitre, on le marque d'un trait circulaire qui permet de ne pas le déranger.

Les œufs de dinde sont bons à manger.

L'incubation, par la dinde, à qui on peut donner une vingtaine d'œufs, ou par la couveuse artificielle, dure de vingt-neuf à trente-deux jours.

Au bout de huit à dix jours, on mire les œufs pour retirer les clairs.

Grâce à la couveuse et à l'éleveuse artificielles, on obtient en automne des couvées qui offrent des produits très lucratifs en ce sens qu'on les peut vendre un bon prix, au mois d'avril, alors que le marché est vide de jeunes animaux.

Avant tout, il faut tenir les jeunes dans une pièce où règne une température moyenne, car les dindonneaux sont très sensibles au froid, à l'humidité et aussi à la trop grande ardeur du soleil.

Le lendemain de l'éclosion on leur ingurgitera avec beaucoup de précaution pour ne pas leur déchirer la bouche, un peu de pâtée faite d'œufs durs, de mie de pain émiettée, d'ortie blanche, le tout finement haché. On peut mettre avec eux quelques petits poulets qui leur apprennent à manger, car c'est surtout dans les premiers jours de sa vie que le dindon mérite bien son nom.

Quand le dindonneau mange seul, il faut ne pas lui épargner la nourriture; on se gardera toutefois de lui en donner trop à la fois, car il est très glouton et périrait d'indigestion. On lui présente alors une pâtée composée de pain émietté, d'oignons hachés fin, de son, le tout lié à l'aide de lait caillé; un peu plus tard on remplacera le pain par du son, de la recoupe ou de la farine d'orge qui est préférable.

On renouvellera les rations au moins huit fois par jour, et l'on fournira l'eau dans les abreuvoirs syphoïdes.

A l'âge de deux à trois mois, les dindonneaux subissent la *crise du rouge*, c'est-à-dire que leur tête et leur cou se couvrent de caroncules rouges. Si les animaux ont été bien nourris, surtout si on ne leur a pas épargné l'oignon, ils traverseront cette crise sans danger aucun.

On mélangera aussi à leur pâtée, matin et soir et dans la proportion d'une cuillerée à café pour 20 dindonneaux, la préparation suivante:

Cannelle de Chine en poudre... 150 gr.
Gingembre en poudre fine 500
Gentiane..................... 50
Anis 50
Carbonate de fer 250

Toutes ces poudres seront mélangées très exactement. Cette préparation très utile produira également de bons effets toutes les fois que l'on s'apercevra que les dindons deviennent tristes.

Le sang desséché mêlé à la pâtée, les œufs de fourmis aideront puissamment à faire prendre le rouge, ainsi que la verdure.

Surtout, nous le répétons, il est de toute importance que les dindonneaux ne soient atteints ni de la pluie, ni de l'humidité, ni du soleil; il faut se méfier des abreuvoirs profonds où ils peuvent se mouiller; un dindonneau mouillé et non réchauffé immédiatement au foyer est perdu.

Une fois le rouge pris, l'animal est devenu des plus rustiques. On l'envoie au champ, il n'a plus rien à redouter ni du froid ni de la trop grande chaleur. L'herbe et les insectes du pâturage lui suffiront pour sa subsistance pendant les beaux jours; l'hiver, on lui donnera des glands, des faines, des châtaignes sauvages recueillis dans les bois, ou bien les grains que l'on distribue aux poules.

Les dindons passent la nuit à l'air libre ; ils s'en trouvent mieux que de coucher dans un local clos. Le meilleur perchoir à leur offrir est une vieille roue de voiture que l'on monte horizontalement sur un pieu de 1 m. 50 à 2 m. de haut. Toutes les bêtes y seront à la même hauteur, ce qui préviendra les luttes qui se produisent entre elles pour occuper la partie la plus élevée des juchoirs ordinaires.

Ce perchoir sera placé dans un endroit abrité des vents du nord et de l'est, au milieu d'un fumier, si c'est possible.

C'est à l'entrée de l'automne que l'on commence à engraisser les dindons ; à ce moment ils ont toute leur croissance. Aucun animal de la basse-cour ne s'engraisse aussi facilement que celui qui nous occupe.

Le mâle s'engraisse moins rapidement que la dinde, mais tandis que celle-ci, — dont du reste la chair est plus délicate — n'arrive à peser que 5 kilog., — le premier peut atteindre le double de ce poids et même plus.

L'engraissement se fait en liberté. Il consiste à gaver l'animal qui revient des champs, avec une pâtée composée de pommes de terre cuites et écrasées avec de la farine d'orge, de maïs ou de sarrasin, délayée avec du lait caillé, de préférence à l'eau. On leur fait aussi avaler des châtaignes et des noix dont on augmente chaque jour le nombre d'une unité, mais la chair du dindon engraissé à l'aide des noix a un goût huileux.

Au bout de quatre à cinq semaines, avant même s'il a été bien nourri dès les premiers jours, le dindon est à point. Il trouve alors à se vendre un bon prix, surtout aux environs de Noël.

Le canard.

Les canards peuvent se diviser en deux classes bien distinctes, les canards d'agrément et les canards d'élevage et de produit. Nous ne nous occuperons que des derniers.

Ceux-ci se divisent en plusieurs races ; la race commune ou de pays, le canard de Rouen, le canard d'Aylesbury, le canard de Pékin et le canard de Barbarie.

La race commune est plus petite et prend la graisse moins facilement que les autres races. La meilleure assurément dans une exploitation est celle de Rouen qui atteint et dépasse souvent 2 kilogs. La race d'Aylesbury est anglaise; elle a le plumage entièrement blanc; elle est à peu près du volume du canard de Rouen. Le canard de Pékin est d'un blanc jaune, il est remarquable par le port élevé que lui donnent ses pattes plantées à peu de distance du croupion.

Le canard de Barbarie est un bel oiseau très large et très long ; il a le bec et la tête ornés de caroncules rouges caractéristiques. La chair n'est pas bonne à manger : elle a un goût de musc d'où le nom de *canard musqué* qu'on lui donne quelquefois. On s'en sert surtout pour le croisement avec la cane de Rouen, croisement qui produit de forts animaux connus sous le nom de *mulards.*

Le canard est l'hôte de la basse-cour le moins difficile sur la nourriture et le plus grand fabricateur de chair qu'on puisse voir. Il mange sans s'arrêter pour ainsi dire et digère avec une rapidité étonnante. Il est herbivore et carnivore. Aussi son élevage est-il singulièrement facilité par le voisinage d'un cours d'eau. Cependant on peut l'entreprendre sans avoir à sa disposition ni mare ni rivières; des baquets d'eau souvent renouvelés suffisent surtout pour le canard de Rouen et le canard de Barbarie; ce dernier peut même s'en passer.

Le canard vit à l'air; il ne demande qu'un abri très primitif qu'on lui ménage en un endroit retiré où les canes iront pondre. Il lui faut une litière de paille souvent renouvelée.

La cane pond à partir du mois de mars. Si on lui retire les œufs elle en donnera de 80 à 90. Elle aime à cacher son nid, c'est pourquoi il est bon de l'épier pour savoir où elle l'a placé, si l'on n'a pu la décider à adopter un nid installé pour elle. On lui laisse toujours deux ou trois œufs, autrement elle quitterait le nid.

Ces œufs, si on ne les utilise pas tous pour la reproduction, trouvent un facile placement chez les pâtissiers qui les préfèrent aux œufs de poule à cause de la grosseur de leur jaune.

Un mâle suffit à dix canes; pour assurer la fécondation, il est utile que les animaux aient de l'eau.

Pour l'incubation, on ne se servira pas des œufs pondus les premiers; il y a tout lieu de croire qu'ils ne sont pas fécondés; car le mâle entre en chaleur après la femelle.

L'incubation dure de 28 à 30 jours; la cane, si on lui laisse ses œufs, se met d'ordinaire à couver au vingtième, mais on préfère confier ce soin aux poules ou aux dindes qui élèvent très bien les canetons, ou mieux à la couveuse artificielle.

En tout cas, il est nécessaire de prendre garde que les œufs, soit que la poule ou la dinde les quitte pour manger, soit qu'on les sorte de la couveuse, ne se refroidissent pas; ils sont beaucoup plus sensibles au froid que les œufs de poule. On imite alors la cane qui, quand elle se lève, couvre ses œufs de duvet.

Le mâle ne s'occupe pas de la couveuse, comme le jars. On peut donc le supprimer dès que l'on a le nombre d'œufs dont on a besoin pour l'élevage. Dans ce cas on en conserve un jeune de l'année. Cette méthode toutefois n'est pas des meilleures car un mâle n'est réellement bon que dans sa deuxième année; si donc l'on tient à la race qu'on entretient, il faut conserver un mâle de choix. Les canards gardent leur faculté de reproduction bien plus longtemps que les poules: les vieilles canes sont même celles qui fournissent les meilleurs œufs pour l'incubation.

Du vingt-huit au trentième jour, les canetons éclosent; ils courent le jour même de leur naissance. Il faut avoir soin de ne pas les laisser prendre froid. On les met, comme les poussins, sous l'éleveuse artificielle.

Le caneton a besoin d'eau, beaucoup plus que l'adulte; au bout de huit jours, on met à sa disposition si l'on n'a ni mare ni ruisseau, un baquet enterré à fleur de terre, assez profond pour que les petits puissent plonger, c'est là un point essentiel: ils s'y baigneront à plaisir et auront de cette façon le duvet toujours bien brillant.

En venant au monde le caneton qu'il sorte de sous une cane, une poule, une dinde ou une couveuse artificielle, ne sait pas manger.

Pour l'exciter à prendre la nourriture, certaines personnes mêlent aux œufs de canard des œufs de poule après huit jours d'incubation des premiers. Les poussins bien plus dégourdis ont vite fait d'apprendre à manger et les canetons finissent par les imiter.

La première nouriture qu'il convient de leur présenter est du vermicelle cuit sans être brisé. On peut le leur donner seul, ou mélangé dans une pàtée composée de son ou recoupe et d'orties hachées.

Au bout de huit jours, on supprime le vermicelle, et on leur donne une pâtée de son ou recoupe, de farine d'orge ou de sarrasin, toujours avec des orties ou du cresson hachés.

Cette pàtée ne doit pas être trop dure; il ne faut pas non plus la faire trop claire.

La nourriture animale est de première nécessité. Aux canetons qu'on élève en basse-cour, on la fournit sous forme de vers, de colimaçons écrasés, de débris de viande hachés, etc., etc. Ceux qui ont à leur disposition une mare ou un cours d'eau savent bien la trouver d'eux-mêmes.

A deux mois, les canetons se nourrissent comme les adultes de pàtées faites de farine d'orge, de maïs ou de sarrasin, de pommes de terre cuites et écrasées, de salades, de grains, qu'on leur donne *humectés,* dans des augettes, de betteraves crues ou cuites et coupées, de débris de viande, enfin de tout ce qui se mange.

Le canard qui barbotte se procure lui-même presque toute sa nourriture, soit dans l'eau, soit sur le pré où il trouve herbe et insectes.

Pour l'élevage donnez aux canetons et canards à manger autant qu'ils voudront, six fois par jour s'il le faut. Mais ayez soin de mettre leur nourriture à proximité de l'eau: le canard aime à s'abreuver en mangeant, et s'il lui faut aller chercher l'eau loin de ses augettes, il perd en chemin les trois quarts de la *bouchée* qu'il a pris pour la détremper.

A trois mois, au moment où les plumes des ailes se croisent, le canard est bon à manger, il est à point, s'il a été bien nourri.

Le canard peut s'engraisser sans qu'il soit besoin de le séquestrer dans les épinettes, mais naturellement l'engraissement va moins vite. On les engraisse dans les épinettes en mettant à leur disposition, avec une augette d'eau, — chose nécessaire, -- des grains, des pommes de terre cuites, bref, toutes sortes d'aliments, et en les gavant de pâtons de farine de seigle, d'orge ou de sarrasin, ou de graines de maïs ramollis dans l'eau bouillante qu'on leur ingurgite à l'aide d'un entonnoir.

En quinze jours, trois semaines, ce régime développe chez les canards un tel état de graisse, qu'ils peuvent périr étouffés ; on reconnaît qu'ils sont arrivés à ce point, à l'écartement des plumes de la queue.

Selon les races, le canard engraissé pèse de 2 à 5 kilogs. Son foie, beaucoup plus estimé que celui de l'oie, peut peser jusqu'à 6 à 700 gr.

Ce sont les *mulards*, c'est-à-dire le produit du croisement du canard de Barbarie avec la cane commune ou de Rouen qui fournissent les plus belles pièces. Mais ces mulards sont inféconds, on n'en peut donc tirer race et il faut toujours entretenir à l'état pur, canard de Barbarie et cane de Rouen. L'inverse, cane de Barbarie et canard de Rouen ne donne pas d'aussi bons résultats.

La plume et le duvet du canard sont un de ses produits qui n'est pas à dédaigner et que les ménagères soigneuses savent utiliser à leur grand avantage.

L'oie.

L'oie est un des animaux les plus précieux de la basse-cour. Outre sa chair et sa graisse très abondante, elle nous donne sa plume et son duvet et aussi son foie, source importante de revenus pour certaines régions.

Si l'eau est presque indispensable au canard, on peut dire que l'oie, bien qu'animal aquatique, peut s'en passer. Par eau, bien entendu, je veux dire cours d'eau ou mare.

L'oie s'élève très bien dans une cour pourvu qu'elle ait à sa disposition des baquets d'eau assez profonds pour y faire sa toilette et dont il faut avoir bien soin de renouveler le contenu chaque matin, deux fois par jour même dans les chaleurs. Dans ces conditions, le fermier ou l'amateur ne peut espérer élever un nombreux troupeau, il produira pour son usage personnel ou pour une vente restreinte.

Si l'on veut au contraire entreprendre l'élevage en grand, il est de toute nécessité d'avoir un pâturage de vaste étendue longeant un cours d'eau ou possédant une mare.

L'oie est herbivore et granivore ; voilà deux points qu'il ne faut pas perdre de vue.

Il y a en France deux races d'oies bien distinctes : la *race commune* et la race de *Toulouse*. Il existe bien aussi deux autres races, celle d'*Embden* et celle de *Guinée*, mais elles sont bien moins répandues chez nous que les précédentes et n'en diffèrent guère que pour le plumage qui est tout-à-fait blanc pour la race d'Embden, et gris tirant sur le brun pour la race de Guinée ; cette dernière a de plus des caroncules noirs sur le haut du bec.

L'*oie commune* est plus petite que l'oie de Toulouse. On la trouve dans le nord de la France et de l'Europe ; elle se rapproche de l'oie sauvage et il n'est pas rare de la voir s'enfuir avec les bandes de passage. L'oie de Toulouse, au contraire, plus complètement domestiquée, ne peut voler : elle est beaucoup plus productive que la première. C'est la race qu'il faut adopter quand on commence un élevage.

Disons tout de suite que l'oie, dans une basse-cour, n'apporte aucun trouble et ne fait aucun mal aux autres volailles ; on peut donc, pendant l'hiver y mélanger les animaux reproducteurs que l'on a conservés.

L'oie pond dès les premiers jours de février. Il faut, dès le mois de janvier, séparer les mâles ou *jars*, en donner un à cinq ou six femelles et mettre le petit troupeau dans un enclos à part où il y ait de l'eau. La fécondation des œufs n'en sera que plus assurée.

Les femelles pondent de 15 à 20 œufs qu'elles cachent le mieux qu'elles peuvent et qui souvent, pour cette cause, sont perdus. Leur ponte terminée, elles couvent: mais on peut prolonger la ponte en enlevant les œufs des nids et en n'y en laissant qu'un seul; de cette façon l'oie donnera en deux mois, de 25 à 30 œufs.

L'oie est bonne couveuse. Pendant l'incubation, le *jars* se tient auprès de ses femelles; à ce moment il est dangereux de l'approcher, surtout pour les enfants. Quand elles ont des petits, les femelles deviennent méchantes à leur tour: c'est pourquoi on préfère donner les œufs à couver à des dindes qui se chargent parfaitement de l'incubation et de l'élevage des jeunes; on pourrait aussi donner les œufs à des poules, mais celles-ci risqueraient, en grattant la terre pour leurs petits, de faire tomber ces derniers, et l'on sait qu'une fois sur le dos, l'oison ne peut se relever.

Le mieux est de confier les œufs à couver à une couveuse artificielle qui n'en cassera pas et n'écrasera aucun des petits à leur éclosion.

La durée de l'incubation est de 29 à 31 jours, 30 jours en moyenne.

Les petits naissent couverts d'un épais duvet gris. Malgré cette chaude couverture, ils redoutent le froid et l'humidité. Aussi fera-t-on bien de les tenir avec leur mère, ou sous l'éleveuse, dans un endroit sec et chaud pendant quinze jours, trois semaines, avant de les laisser sortir, à moins que la température ne soit très douce, ce qui est assez rare à l'époque où l'éclosion se produit d'ordinaire.

La nourriture des oisons consiste en une pâtée formée soit de pommes de terre écrasées avec du pain émietté et auxquelles on joint de la chicorée ou du cresson hachés ; soit de farine d'orge ou de sarrasin liée avec des œufs mollets et mélangée de même avec des herbes, cresson, chicorée, pousses d'ortie, hachées. Il faut que cette pâtée soit presque sèche.

Comme boisson on donnera de l'eau, mais dans un vase tel que les petits ne pourront se mouiller, ce qui leur serait très préjudiciable dans les premiers jours. Un abreuvoir syphoïde hygiénique, voilà l'ustensile le plus parfait dont on puisse se servir dans cette occasion.

Il va sans dire qu'il faut préserver à tout prix les oisons de la pluie.

Pour faire de bons élèves, il est nécessaire de ne pas mesurer la nourriture aux jeunes ; il faut la leur distribuer abondamment mais de manière aussi à ce qu'ils n'en gachent pas une fois rassasiés; les distributions seront aussi fréquentes qu'il sera utile.

De temps en temps, on donnera aux oisons des herbes entières telles que cerfeuil dont ils sont très friands, chicorées sauvages, salades montées, etc., etc.; on pourra aussi quand le temps le permettra les conduire sur un gazon dont l'herbe les fera rapidement profiter.

A trois mois, quand ses plumes sont poussées, l'oison est devenu l'oiseau le plus rustique de la basse-cour; le froid, la chaleur, la pluie, il ne ne craint plus rien.

On le nourrit alors comme les adultes, d'herbes; on le mène avec eux au pâturage.

A ce propos, il est un préjugé qui veut que la fiente des oies *brûle* le gazon où elles paissent. Il n'en est rien, au contraire, si l'on a soin de ne pas laisser longtemps les oies sur le même pacage. Il est clair que dans cette dernière condition rien ne pourrait résister, mais n'importe quelle bête produirait le même effet.

Le séjour des oies sur un terrain ne peut que le fertiliser si ce séjour n'est pas prolongé outre mesure. C'est du reste, au point de vue de l'animal lui-même une nécessité que ce changement de terrain qui lui donne l'herbe fraiche et abondante dont il a tant besoin.

La nourriture de l'oie ne coûte donc pas grand chose ; quand on en élève suffisamment pour en former un troupeau, on peut les conduire sur le bord des routes, dans les chaumes, etc., etc. partout où il y a de l'herbe à brouter, l'oie fait ventre de toute nourriture herbacée ; mais il faut avoir grand soin de l'écarter de la ciguë qu'elle mange avec avidité et de la jusquiame qui sont pour elle des poisons mortels ainsi que l'ortie couverte de pucerons.

L'oie demande un logement sain et spacieux qu'on peut lui construire facilement en bois. Il importe qu'elle ait de quoi se mouvoir et que sa litière, faite de paille, soit renouvelée le plus souvent possible.

L'hiver, on nourrira les bêtes conservées pour la reproduction, de racines fourragères crues, coupées en petits cubes : navets, betteraves, ce qui est un régime très économique que l'on renforcera de temps à autre par une poignée de grains.

L'engraissement qui est le but final de l'oie, se pratique d'ordinaire dans les mois de septembre, octobre et novembre, mais pas plus tard. Il dure de trente à quarante jours. Il faut savoir que l'oie une fois en chaleur ne peut plus prendre de graisse ; si donc on tentait l'engraissement passé novembre, on courrait le risque de voir quelques oies, devançant leur époque qui, comme nous l'avons dit est au mois de janvier, ne profiter aucunement de la nourriture donnée.

Il est bon de préparer les oies à l'engraissement, huit à dix jours avant de le commencer, par la distribution abondante de grains tels que maïs, avoine, sarrasin.

Deux méthodes s'offrent pour l'engraissement des oies: l'épinette et le gavage. Dans ces deux cas, les bêtes sont enfermées dans l'obscurité.

L'épinette que nous avons déjà décrite, ne s'emploie guère que lorsqu'on n'a qu'un petit nombre d'animaux à traiter. Elle doit être construite de façon que l'animal ne remue que le moins possible, et que ses déjections ne puissent pas le salir. La plus grande propreté est de rigueur.

On donne aux oies en épinette des grains, des pâtées de farines de maïs, d'orge ou de sarrasin, dans des augettes placées devant elles, puis on les *emboeque* à l'aide d'un entonnoir, deux fois par jour, avec des pâtons ou des grains de maïs ramollis dans l'eau tiède. C'est le maïs qui engraisse le mieux. Au bout de vingt à vingt-cinq jours de cet *empâtage* fait consciencieusement, l'oie est à point.

Un autre système, bien préférable quand on

opère sur un grand nombre d'oies, c'est le gavage à la gaveuse. Nous l'avons décrit à propos des poulets. La pâtée est la même que pour ces derniers; toutefois, on emploiera de préférence la farine de maïs.

Mais l'oie grasse ne fournit pas seulement sa chair et sa graisse; elle donne aussi un foie énorme qui atteint le poids de 500 grammes et peut être vendu un bon prix si l'on est dans un pays où se pratique l'industrie des foies gras.

L'oie fournit aussi plume et duvet; mais on n'attend pas forcément la mort de la bête pour faire la récolte. Un peu avant la mue, soit au commencement et à la fin de l'été, on peut lui enlever, sans lui nuire, la plume et le duvet qui se trouvent sous le ventre et sous les ailes. On reconnait que la plume est *mûre* quand elle se détache sans le moindre effort. Il ne faut pas non plus dépouiller complètement l'animal, ni l'envoyer à l'eau après l'opération; il est nécessaire d'attendre une huitaine.

Pour assurer la conservation des plumes, on les enferme dans un sac, sans les presser, et on leur fait subir au moins deux fois, la chaleur d'un four de boulanger au moment où l'on vient d'en retirer le pain.

Le Pigeon.

L'exploitation d'une basse-cour ne serait pas complète si on n'y adjoignait l'élève du pigeon.

Quelle race faut-il choisir, voilà la première question qui se pose. Naturellement nous ne parlons ici que des races de produit et nous n'entrerons pas dans la description des innombrables espèces que la fantaisie entretient en cages ou en volières.

Le pigeon le plus productif à notre sens, celui dont l'élevage est le plus facile et le plus sûr, c'est le *mondain,* c'est-à-dire le pigeon commun.

Il n'appartient en réalité à aucune race étant le mélange de toutes les autres; il est gros, très rustique, très fécond, pouvant donner jusqu'à neuf couvées par an.

Le pigeonnier peut s'établir de cent manières différentes.

Si l'on dispose d'une pièce on tachera d'avoir pour l'entrée l'exposition de l'est ou de l'ouest. Cette entrée sera purement et simplement une fenêtre au devant de laquelle on fixera une planchette pour permettre aux pigeons soit de prendre leur vol, soit de venir se poser en rentrant.

Les nids, en osiers, seront placés à environ un mètre du sol et espacés de manière que les oiseaux ne puissent s'atteindre, il en faudra deux par couple, car la femelle de pigeon se remet souvent à pondre avant que la couvée précédente ne soit entièrement élevée.

On mettra du sable ou des débris de platras sur le plancher de ce pigeonnier, cela fournira aux pigeons les matériaux dont ils ont besoin, comme les poules, pour faciliter leur digestion, et éviter sûrement la vermine.

Une autre habitation très commode aussi, en ce qu'on peut l'installer contre un mur de la basse-cour ou sur un poteau consiste en une sorte de caisse offrant cette disposition sur deux étages recouverts d'un toit.

Ce pigeonnier pourra abriter quatre paires.

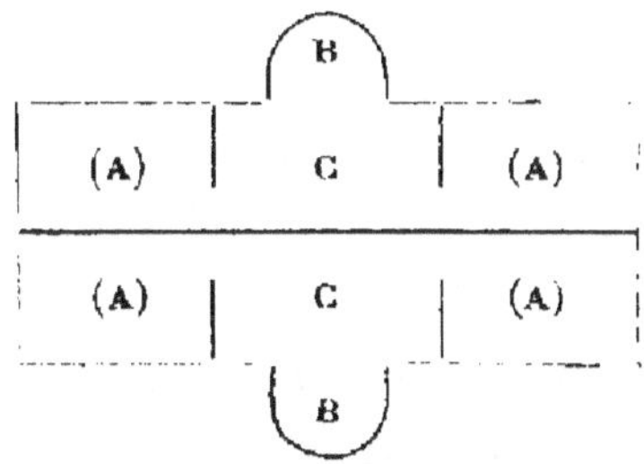

Chaque étage se compose de deux logements séparés; chacun de ces logements est disposé comme il suit: A A, sont les compartiments destinés aux deux nids de chaque couple; ces compartiments ont 37 centimètres de côté, ils sont séparés l'un de l'autre par un vestibule c., de 18 cent. de large sur 37 de long, fermé par deux planches de séparation de 25 centimètres de long.

Devant les entrées seront fixées, pour donner accès aux oiseaux, les planchettes B, que l'on pourra relever pour former clôture.

Chaque compartiment sera muni d'une porte qui permettra de voir ce qui se passe dans les nids, de nettoyer, et de prendre les petits quand il sera temps.

Les nids, pour ce pigeonnier, seront en bois ou en plâtre; ce sont des espèces d'écuelles ayant 8 centimètres de profondeur sur 20 de diamètre.

On répandra sur le plancher du sable mêlé de plâtre qu'on renouvellera souvent.

Le meilleur moyen de peupler un pigeonnier, c'est d'y mettre de jeunes pigeons, du mois de mars de préférence et ne mangeant pas encore seuls. On les nourrit à la main, de grains qu'on leur introduit dans le bec à l'aide d'une cuiller, on les fait boire en leur plongeant le bec dans un verre d'eau. N'ayant pas connu d'autre demeure, ces pigeons ne la quitteront pas devenus adultes.

On peut aussi enfermer dans chaque compartiment un couple adulte d'un an environ et qu'on ne laissera sortir que quand il aura des petits; mais il ne faut pas espérer retenir ces oiseaux au pigeonnier, en dehors de ces deux moyens; ils retourneraient à leur ancienne demeure.

La femelle pond généralement deux œufs, il faut se défaire de celles qui n'en donnent habituellement qu'un. — La ponte prend deux jours et l'incubation commence aussitôt. Elle dure de dix-sept à dix-huit jours en été et de dix-huit à vingt en hiver. Elle est faite alternativement par le mâle et la femelle; celle-ci couve de quatre heures du soir à dix ou onze heures du matin et le mâle, le reste du temps.

Il est bon de mirer les œufs au bout de huit jours d'incubation pour les retirer s'ils sont clairs et permettre au couple de faire une nouvelle ponte sans perdre de temps.

Les pigeons ne sont guère féconds que cinq ou six ans; passé cet âge il faut les réformer.

Les pigeonneaux sont élevés par les parents par *abecquement*, c'est-à-dire qu'ils plongent leur bec jusque dans le jabot de leur père et de leur mère, où ils trouvent des grains ayant déjà subi un commencement de digestion et réduits en une espèce de bouillie blanche.

Dès que leurs petits commencent à se poser

sur le bord de leur nid, les pigeons commencent assez souvent une nouvelle ponte, tout en continuant à nourrir leur première couvée.

À un mois, ils sont en état de manger seuls.

On séparera ceux qu'on veut garder pour la reproduction et on engraissera ceux qu'on veut livrer à la consommation.

Disons tout de suite que le produit des deux œufs est le plus souvent un couple qui ne se quittera pas et reproduira en temps donné.

Il est urgent de veiller à ce que dans un pigeonnier, il n'y ait pas plus de mâles que de femelles; un seul mâle de trop suffit pour porter le désordre dans tous les nids et faire manquer les couvées.

Les pigeonneaux qu'on engraissera, seront mis à part et gavés deux ou trois fois par jour, pendant six jours, avec du maïs bouilli, de la vesce ou du sarrasin. Au bout de ce temps, ils feront bonne figure sur la table ou sur le marché.

La nourriture ordinaire des pigeons se compose de grains, vesce, sarrasin, lentilles, orge, pois, maïs, etc., il faut éviter l'avoine quand ils ont des petits. On variera leur menu avec un peu de chènevis, des pommes de terre cuites écrasées et légèrement salées. On leur donnera les pépins de raisins provenant des marcs de vendange, séchés et passés au crible; ils en sont très friands.

Pour éviter tout gaspillage, les grains seront distribués dans des trémies.

Les pigeons aiment aussi beaucoup le sel; on le leur fournira sous forme de morue sèche qu'on pend dans le pigeonnier et qu'on remplace à mesure qu'elle est consommée.

Les pigeons doivent être nourris d'une façon abondante et variée; on leur donnera naturellement plus en hiver qu'en été parce qu'en cette dernière saison, ils trouvent une grande partie de leur subsistance dans les champs, où, entre parenthèses, ils ne font aucun mal.

L'eau leur sera offerte toujours très fraîche et très pure, dans des abreuvoirs syphoïdes.

Un des produits des pigeons qu'il ne faudrait pas négliger c'est la colombine provenant des nettoyages *très fréquents*, nous insistons, du pigeonnier.

La colombine a les propriétés du guano, elle en a aussi la valeur, il faut donc la conserver avec soin pour s'en servir comme engrais ou la vendre aux jardiniers qui en font beaucoup de cas.

MALADIES. — PARASITES.

Plus qu'aucun animal de la basse-cour, le pigeon a besoin de la plus grande propreté. Du défaut contraire proviennent presque toujours les échecs dans son élevage.

Il réclame aussi, une nourriture tonique et fortifiante ; l'abus des pâtées de pommes de terre lui est nuisible. On fera bien de mettre quelques clous de fer dans sa boisson; on ne le laissera jamais manquer de sel.

On peut dire d'autre part qu'un pigeon malade est un pigeon perdu. Si la bête n'a pas de valeur il vaut mieux la sacrifier que d'exposer tout le pigeonnier à être infecté. Si c'est un pigeon de prix, on le séquestrera dans un lieu chaud.

Mais ce dont il faut préserver le pigeon avant tout, c'est de la vermine.

D'abord il faut bien veiller à rendre l'entrée du pigeonnier inaccessible aux chats et aux autres animaux dont nous avons parlé au sujet du poulailler.

Les chauves-souris doivent être aussi écartées ; non parce qu'elles tuent les pigeons, mais parce qu'elles sucent leurs œufs.

De la saleté qui règne dans certains pigeonnier naissent les puces et les poux dont la présence suffit pour compromettre tout un élevage. Nous avons donné au chapitre des parasites chez les poules, les moyens de se débarrasser de ces vilaines bêtes.

La Pintade.

On se demande pourquoi l'élevage de la pintade est si restreint en France. L'oiseau est bien acclimaté, il est d'une rusticité à toute épreuve et d'une fécondité remarquable.

Il a contre lui son cri et ses habitudes un peu sauvages. Mais on se fait vite à ce cri et avec un peu de soin on remédie au caractère farouche de l'animal qui s'élève très bien en basse-cour et n'est pas si tyrannique pour ses voisins qu'on veut bien le dire.

La forme de la pintade rappelle un peu celle de la perdrix; son plumage est gris cendré, parsemé de points blancs. La tête est nue ; les mandibules très fortes sont garnies de caroncules qui sont rouges chez la femelle et bleuâtres chez le mâle.

Il existe des pintades blanc crème, lilas, panachées, mais elles sont bien plus rares que la pintade commune.

Les pintades demandent le plus de parcours possible ; à cette condition, elles laissent les autres animaux en repos. Elles vont en bandes ;

elles ne s'écartent jamais les unes des autres ; les différentes couvées ne se mélangent en aucun cas.

On a dit qu'on pouvait les lâcher dans les jardins ; c'est une erreur ; elles aiment beaucoup les légumes tendres, les laitues, les choux ; elles ne grattent pas, c'est pourquoi il est utile de les lâcher sur les terres ensemencées qu'elles débarrasseront de tous les insectes nuisibles.

L'année qui suit sa naissance, la pintade pond dès le printemps, en mars ou avril, jusqu'en octobre ou novembre ; elle donne à peu près deux cents œufs par an. La grande question, c'est la récolte de ces œufs. La pintade pond partout, sous les haies, etc., le plus loin possible ; le mieux est de ne la laisser sortir de la basse-cour que vers deux heures de l'après-midi : il est probable qu'à ce moment elle aura déposé son œuf dans le nid qu'on lui aura préparé dans un coin, derrière des fagots disposés de façon à lui donner une entrée et une sortie très faciles.

La pintade demande à couver trop tard pour l'utiliser comme couveuse ; le mieux est de confier ses œufs à une poule, de quinze à vingt, ou à une dinde, de vingt-cinq à trente, ou de préférence à une couveuse artificielle.

L'éclosion a lieu au bout de 25 à 28 jours.

L'élevage des poussins est très facile ; il faut avant tout les préserver du froid et de l'humidité. Aussi l'emploi des abreuvoirs syphoïdes est-il nécessaire, tout autre offrant de graves inconvénients.

La nourriture consiste, pour les quinze premiers jours en une pâtée composée de mie de pain, d'œufs durs, de farine d'orge bien mêlés dans du lait caillé ; on y ajoute de l'ortie hachée, cuite ou crue, et des fourmis et des œufs de fourmis si l'on en a.

A quinze jours, on peut offrir aux pintadeaux, avec la pâtée, du chènevis écrasé, du petit blé, du millet. A un mois, on leur distribuera les mêmes graines qu'aux autres volailles, en appuyant fortement sur la nourriture animale qu'on leur fournira soit sous forme de phosphate de chaux ou de sang desséché, mélangés à la pâtée, soit sous forme de débris de cuisine, finement hachés et triturés avec de la farine de maïs.

La prise du rouge est pour les pintades une époque critique ; il faut à ce moment relever leur alimentation, et bien veiller à ce qu'elles ne soient exposées ni au froid ni à l'humidité.

A deux mois, l'animal peut être considéré comme sauvé, il est alors très rustique et cherche à coucher dehors ; il ne faut pas le contrarier; cela le fortifie de passer la nuit au grand air.

Une chose controversée c'est le nombre de femelles à donner à un mâle. Certains auteurs prétendent qu'un mâle peut servir à deux femelles; d'autres disent six: c'est le chiffre généralement donné en France. En Angleterre, il est admis que la pintade est monogame, c'est-à-dire qu'elle s'apparie comme le pigeon.

A trois mois le pintadeau peut être mangé, il vaut la perdrix. A aucun moment la pintade n'a besoin d'être engraissée; bien nourrie elle offre une chair fine et délicate très recherchée des gourmets. Ses œufs sont exquis; leur débit est toujours assuré et jamais au-dessous de 0,10 pièce. C'est donc un élevage des plus profitables et où l'on n'a pas encore à craindre la concurrence.

Le Faisan.

On peut considérer les faisans plutôt comme des oiseaux de volière que comme des oiseaux de basse-cour.

Nous donnerons cependant des notions élémentaires sur leur élevage ; étant considéré que beaucoup de personnes s'y livrent, surtout depuis que l'élevage artificiel a permis d'arriver à des résultats qu'on n'avait pas encore atteints.

Cet élevage se fait en grand, principalement en vue du repeuplement des chasses. Ce que l'on dira de l'élevage de l'amateur peut s'appliquer au précédent.

Il y a trois espèces principales de faisans : le faisan commun, le faisan argenté, le faisan doré. Dans ces trois races, la femelle est grise. Seul le mâle revêt les superbes couleurs qui en fait un des plus beaux oiseaux de nos climats.

Les faisans, reproducteurs et autres, sont installés dans un parquet ou dans une petite cour recouverts d'un filet. On donne un mâle pour deux poules, trois au plus ; autrement la fécondation ne serait pas assurée.

La poule pond d'ordinaire à partir du mois d'avril de huit à quinze œufs répartis sur une durée de quatre à cinq semaines.

Pour la ponte, on ménagera aux poules faisanes, dans la cour de leur parquet ou dans la partie abritée de leur cour, des endroits tranquilles qu'on établira au moyen d'une ou deux bottes de paille appuyées à l'angle des murs ou des cloisons.

On aura soin de recueillir les œufs sans effaroucher les bêtes et on ne laissera dans le nid que des œufs en porcelaine, car les faisans sont très enclins à manger leurs œufs.

Les petits éclosent en vingt-quatre ou vingt-cinq jours; l'incubation est confiée soit à la poule faisane, soit à une poule légère, soit à la couveuse artificielle, ce qui est de tout point préférable. Au bout de six jours, il est bon de mirer les œufs pour retirer ceux qui sont clairs.

On laisse les petits vingt-quatre heures sans manger, soit sous la mère, soit sous l'éleveuse.

Pendant la première quinzaine, on donne aux faisandeaux une pâtée d'œufs durs ou de mie de pain mélangés par moitié, puis des œufs de fourmis qu'on a soin de débarrasser des fourmis vivantes en les faisant passer au four dans un sac. A ce moment il ne faut pas leur donner à boire.

Au bout de quinze jours, on leur donnera une pâtée composée de mie de pain, d'œufs durs écrasés, de salade hachée, de cœur de bœuf également haché très fin, le tout mélangé avec de la farine de maïs. On ne cessera pas les distributions d'œufs de fourmis.

A un mois, on commence à donner des grains, sarrasin, chènevis, millet, petit maïs ; on diminue progressivement la ration d'œufs de fourmis.

A deux mois, ils subissent la crise de la première mue, il faut alors revenir à la nourriture animale, œufs de fourmis, viande cuite hachée, etc.

Passé cette époque, on les nourrit comme les faisans adultes, c'est-à-dire de blé, d'avoine, de sarrasin principalement ; on met à leur disposition le plus de nourriture possible ; il ne faut pas que leurs mangeoires soient jamais vides. Ne pas oublier non plus la verdure qui leur est nécessaire comme aux poules.

Pour l'eau, il est urgent de se servir d'abreuvoirs syphoïdes que l'on tiendra bien propres et dont on renouvellera souvent le contenu.

En somme l'élevage du faisan n'est guère plus difficile que celui des autres volailles. Le peu d'indication que nous venons de donner suffit pour le faire comprendre. Il faut, pendant les deux premiers mois beaucoup de soins et l'on

est bien récompensé de ses peines par la satis-
faction et les produits très lucratifs qu'on obtient.

On peut même élever des faisans en cour
découverte, si l'on a eu soin de les éjointer,
c'est-à-dire de leur couper le fouet de l'aile avant
qu'ils puissent voler.

Ce que nous venons de dire peut s'appliquer
aussi bien à l'élevage des perdrix et des cailles
pour lesquels toutefois la durée d'incubation est
de vingt-deux à vingt-trois jours.

Le Lapin.

Très répandu en France, l'élevage du lapin n'est pas pratiqué d'une manière qui assure au fermier ou à l'amateur tout le produit qu'il est en droit d'en attendre. On compte généralement trop sur la rusticité de l'animal: on le loge où l'on peut, on lui donne à manger ce que l'on trouve, et l'on n'obtient rien de bon ni au point de vue de la quantité ni au point de vue de la qualité.

Le lapin fournit à bon marché une chair abondante, très saine et même très délicate. Il est d'une vente courante et si son élevage n'assure pas à tous les 3.000 fr. de rente légendaires, il n'en est pas moins très rémunérateur.

Les races de lapins sont assez nombreuses surtout dans l'élevage de fantaisie, mais ce n'est pas celui qui nous occupe.

Les races de rapport comprennent:

1º La race commune, généralement grise, mais qui offre aussi des robes blanches, noires, jaunes, variées. C'est la plus répandue; elle est très rustique et fournit des individus de belle taille; les portées peuvent atteindre 12 petits.

Elle comprend aussi le lapin géant des Flandres qui atteint facilement le poids de six à sept kilogrammes, mais ne donne des portées que de quatre à six petits.

2° Le lapin *angora* qui outre sa chair fournit des poils longs et soyeux utilisés par l'industrie.

3° Le lapin *argenté* ou *à fourrure*, dont la robe est gris argenté et sert à faire les fourrures bon marché. Il est très prolifique.

4° Le lapin de *Chine* ou lapin *russe* qui est tout blanc, sauf le nez, les pattes, les oreilles et la queue qui sont d'un beau noir. Il a les yeux rouges. Il est petit, mais sa chair est ferme et excellente. Très fécond, il donne de nombreuses portées de huit à dix petits.

5° Le lapin *bélier*, énorme animal dont les oreilles sont tombantes. Chaque portée n'est que de quatre petits.

Il existe aussi ce que l'on appelle le *léporide*, produit du croisement du lièvre et du lapin qui, après avoir été l'objet de vives contestations, est entré dans l'élevage courant. Il s'élève comme les autres lapins, mais au bout de quelques générations, il retourne le plus souvent au type lapin, si l'on n'a pas eu soin d'entretenir en lui le sang lièvre par des accouplements avec cet animal.

Le lapin, en général, demande une installation

où l'air et la lumière ne soient pas ménagés; l'air surtout. La plus grande propreté est de rigueur.

D'ordinaire, on le loge dans des caisses, dans des tonneaux, n'importe où. C'est une mauvaise pratique. Il est si facile d'élever à peu de frais des cabanes où l'hygiène soit scrupuleusement observée.

D'abord l'emplacement. Plusieurs personnes placent leurs cabanes au grand air, d'autres dans une écurie ou dans un local quelconque, d'autres enfin dans les caves. C'est affaire de goût, le lapin prospère également dans ces trois conditions.

La grande question c'est celle de la cabane. Chaque loge doit avoir environ 1 m. 25 de largeur sur 0,80 cent. de hauteur et de profondeur. Le plancher autant que possible doit être double; le premier consistant en une plaque de zinc inclinée munie à la partie inférieure d'un rebord pour la direction de l'urine; le second, que l'on place sur le premier, horizontalement, étant formé de lattes assez rapprochées sur lesquelles reposera la litière.

La porte de chaque loge aura 60 cent. de long sur 40 de large; elle sera grillée et placée sur un côté de la loge et non au milieu de façon à laisser une partie obscure où la lapine se reposera et où elle fera ses petits.

Une cabane se composera de plusieurs de ces loges: nous ne conseillons pas d'en mettre plus de deux rangs l'un sur l'autre. Si l'on adopte l'élevage à l'air extérieur, on fera un toit qui aura au moins 50 cent. de saillie sur le devant et qui servira à garantir les bêtes du soleil et de la pluie.

Les planchers de zinc seront réunis au moins dans leur partie inférieure de manière à faciliter l'écoulement de l'urine dans des seaux disposés à cet effet.

L'ameublement de chaque loge se composera d'un râtelier qui évitera le gaspillage du fourrage, d'une augette double en terre pour la nourriture en grains ou en pâtée et pour l'eau.

On aménagera aussi des loges plus grandes pour les lapins au sevrage et des plus petites pour les mâles.

Un mâle peut suffire à dix femelles. Autant que possible, il sera âgé d'au moins un an, quinze mois, si l'on tient à avoir de vraiment beaux produits. il peut être utilisé jusqu'à l'âge de 5 ans.

La femelle ne portera pas avant l'âge de 8 mois au moins. Sa fécondité peut durer de quatre à cinq ans.

On portera la femelle dans la case du mâle :
cela vaut mieux que de déranger ce dernier. On
restera auprès pour s'assurer si l'accouplement
a eu lieu, ce que l'on reconnaîtra au cri que
pousse le lapin en se jetant de côté après que la
fonction est remplie.

D'autres personnes laissent le mâle et la femelle ensemble pendant une nuit. Si le mâle
doit servir peu souvent, ce procédé n'est pas
blâmable, mais en une nuit d'assauts répétés, le
mâle s'épuise sans grand profit pour la fécondation.

Il faut avoir soin de marquer sur un carnet ou
sur une fiche fixée à la loge de la lapine, le jour
où elle a été couverte et par quel mâle elle l'a
été. On s'assure qu'elle est pleine si lorsque au
bout de trois semaines ses mamelles sont déve-
loppées et si présentée au mâle, elle le repousse
en lui donnant des coups de dents.

La lapine porte trente jours. Quand on la
verra préparer son nid, on changera sa litière;
on fera autour de la loge le moins de bruit possible.

Il ne faut pas laisser aux mères plus de huit
petits; on éliminera de la portée les plus faibles,
les plus mal venus. On croit que la mère tue
ses petits, quand ils ont été dérangés par
l'homme pour une cause quelconque. C'est une

erreur. Si le fait se produit, on supprimera les animaux qui s'en seront rendus coupables.

La mère qui allaite a besoin d'une nourriture abondante.

A trente jours les lapereaux sont sevrés; on les met dans une loge spacieuse et l'on reporte la lapine au mâle pour produire une nouvelle portée; elle donnera ainsi six portées par an, ce qui est très suffisant et ne la fatigue pas outre mesure.

Le lapin est avant tout herbivore. On lui fournira les végétaux sous toutes leurs formes, en s'abstenant toutefois de la salade trop aqueuse, de la mercuriale, qui lui donne la diarrhée, de la ciguë et du mouron rouge qui l'empoisonneraient.

L'herbe ne sera jamais mouillée; dans cet état elle lui est très nuisible.

Il mange aussi toutes les racines, les grains: orge, avoine, etc., le foin, le regain, la luzerne sèche, le pain.

Il est difficile de donner ici des indications bien précises, attendu que le premier principe dans l'élevage du lapin est de le pratiquer le plus économiquement possible et que telle nourriture est meilleur marché que telle autre dans telle ou telle région.

Mais voici quelques conseils qu'on fera bien de suivre :

Donnez aux lapins trois repas en été et deux en hiver; celui du soir plus abondant que les autres.

Faites les distributions à heures fixes.

Ne donnez que la quantité que l'expérience vous a montrée être mangée avidement en une seule fois, le reste serait gâché.

Retirez des râteliers et des augettes toute la nourriture que les bêtes y ont laissée; elles n'y toucheraient plus.

Fournissez aux mâles une alimentation échauffante, de l'avoine, par exemple, quand vous êtes sur le point d'utiliser leurs services.

Donnez aux femelles qui portent ou qui allaitent une nourriture réconfortante, des pâtées, du grain, des plantes telles que le séneçon, le liseron, le plantain, les tiges de haricots, etc. Evitez le persil qui leur ferait passer leur lait.

Surtout que les lapins aient toujours de l'eau claire à leur disposition. Ils n'en abuseront jamais; elle leur est absolument nécessaire en hiver quand la nourriture est le plus souvent donnée sous la forme sèche. Elle est indispensable aux mères qui vont mettre bas pour calmer la soif qui les dévore à ce moment et qui leur fait parfois tuer leurs petits pour se désaltérer de leur sang.

Dans aucun cas, la nourriture du lapin ne doit lui être offerte sur sa litière.

Cette litière qu'on changera tous les huit jours, sera faite de foin ou de paille. Le fumier produit la paiera largement.

A trois mois, les lapins mâles qu'on ne veut pas conserver pour la reproduction seront castrés; ils supportent très bien l'opération à cet âge. A partir de cette époque, tous les animaux seront nourris avec abondance, car il faut qu'à quatre mois, ils soient propres à la consommation, si l'on veut avoir des bénéfices avec cet élevage.

C'est une erreur de croire qu'en gardant les lapins plus longtemps, on en tirera plus de produit; l'essentiel est de les élever de façon qu'ils soient en bon état de vente à cet âge et pour cela, il ne faut jamais les laisser jeûner.

La peau des lapins ordinaires se vend peu cher; c'est en hiver qu'elle atteint son prix le plus élevé et ce prix est très variable d'après les régions.

Somme toute, l'élevage des lapins est des plus profitables à condition qu'il soit fait d'une manière rationnelle et en temps favorable; l'hiver, les bénéfices sont nuls, à moins qu'on

n'ait produit soi-même les grains et les four-
rages qui constitueront sa nourriture. Dans
tout autre circonstance, il ne faut garder que
les reproducteurs et ne commencer la mise au
mâle qu'à partir de février.

MALADIES.

Le lapin bien soigné sous le double rapport
de l'installation et de la nourriture est rarement
malade ; sinon il est assiégé d'un grand nombre
de maladies qui enlèvent souvent des nichées
entières.

Au premier rang, se place *l'hydropisie*, qu'on
appelle aussi gros-ventre. Elle provient d'une
nourriture aqueuse donnée en trop grande quantité. Pour la guérir, on ne fournira aux animaux
que des aliments secs ou des herbes aroma-
tiques : thym, sauge, menthe poivrée.

La *diarrhée* attaque principalement les jeunes
sujets ; elle est causée par l'herbe, les feuilles
de choux, etc., etc,, qu'on leur donne mouillés.
Quand les déjections sont liquides, l'animal est
perdu : mais on peut le sauver s'il a été pris à
temps, c'est-à-dire au moment où les excréments ne sont encore que ramollis. Pour cela,
on l'isolera, on le fera jeûner pendant 24 heures,
et on suivra le traitement de l'hydropisie.

La *gale*, qu'on attribue à la malpropreté de la loge, n'est pas guérissable ; dès qu'on en voit un animal atteint, il est de toute nécessité de le sacrifier, car la maladie est contagieuse.

Le *mal d'yeux* ou *ophthalmie* fait périr en peu de temps les lapereaux à l'allaitement. Cette maladie est produite par la fermentation du fumier qui émet des exhalaisons ammoniacales. Le meilleur moyen de sauver les malades, c'est de les changer de loge, de renouveler souvent leur litière et de leur laver les yeux deux ou trois fois par jour avec de l'eau douce aiguisée d'un peu de sulfate de zinc.

Vente des produits.

Les animaux élevés, amenés à point, il faut ou les consommer soi-même ou les vendre.

La vente peut se faire de bien des façons.

Pour un élevage moyen , nous ne conseillons pas trop l'envoi aux Halles de Paris, à cause des frais de toutes sortes dont sont grevés les produits : droits d'octroi, d'abri, de déchargement, — de comptage, de mirage, de baguage pour les œufs, — de commission au facteur, le transport, etc., etc.

Si cependant on tient à écouler ses marchandises par cette voie , il sera très facile de trouver dans le Bottin l'adresse d'un facteur à la *Vallée* qui donnera tous les renseignements nécessaires.

Autant que possible on écoulera volailles, œufs, lapins, etc., dans la ville la plus rapprochée. On portera aux marchés, on s'entendra avec les hôtels pour la fourniture de tant de pièces, de tant d'œufs, etc. C'est le meilleur moyen et le plus profitable.

Un principe qu'on ne perdra jamais de vue,

c'est qu'il faut se défaire de l'animal aussitôt qu'il est prêt. La nourriture que l'on dépense à le garder diminue d'autant les bénéfices et quelque fois peut les absorber en entier.

Grâce à la couveuse et à l'éleveuse artificielles on produira les volailles pour les époques où elles se font rares sur le marché et où par conséquent, elles atteignent le prix le plus élevé.

De bons et beaux animaux trouvent toujours acheteurs et nous pensons avoir indiqué les moyens de les produire tels.

A nos lecteurs de se mettre à l'œuvre sérieusement, et ils se rendront compte par eux-mèmes des bénéfices que procure une basse-cour dirigée avec économie, ordre et méthode.

TABLE DES MATIÈRES.

Montdidier. — Imp. A. RADENEZ.